"十四五"时期国家重点出版物出版专项规划项目

先进制造理论研究与工程技术系列

直升机零部件制造技术基础

Fundamentals of Helicopter Component Manufacturing Technology

张国强　熊　俊　著

哈尔滨工业大学出版社

HITP　HARBIN INSTITUTE OF TECHNOLOGY PRESS

内 容 简 介

本书以作者历年来在多型号直升机零部件制造中积累的丰富经验为基础,立足当前直升机制造领域实际和未来发展的需求,系统化地梳理现有直升机零部件制造技术的关键要素,按钣金零件成形技术、零件机械加工制造技术、复合材料构件制造技术、制造材料技术和热表处理技术等大类划分,具体阐述每类技术的制造工艺方法、适用性、难点及配套装备等,如蒙皮制造技术、钣金机体结构制造技术、车削加工技术、铣削加工技术、复合材料机体结构固化成形技术、复合材料结构胶接技术、热处理技术和表面处理技术等。此外,本书还列举了超塑成形、电磁成形、激光冲击强化、自适应机械加工、液体成形、增材制造物理气相沉积和激光清洗处理等新兴技术在直升机零部件制造中的应用前景。

本书具有较强的实用性和较好的先进性,可作为直升机制造领域工程技术人员学习及实践的工具书、军事代表对直升机装备制造过程质量监督的辅助工具书,还可作为高校相关专业学生的参考书。

图书在版编目(CIP)数据

直升机零部件制造技术基础/张国强,熊俊著.
—哈尔滨:哈尔滨工业大学出版社,2024.12
(先进制造理论研究与工程技术系列)
—ISBN 978 - 7 - 5767 - 1616 - 0

Ⅰ.V262.3

中国国家版本馆 CIP 数据核字第 2024P5Y020 号

策划编辑　许雅莹
责任编辑　杜莹雪　张　权
封面设计　刘　乐
出　　版　哈尔滨工业大学出版社
社　　址　哈尔滨市南岗区复华四道街 10 号　邮编 150006
传　　真　0451—86414749
网　　址　http://hitpress.hit.edu.cn
印　　刷　哈尔滨博奇印刷有限公司
开　　本　720 mm×1 000 mm　1/16　印张 14　字数 267 千字
版　　次　2024 年 12 月第 1 版　2024 年 12 月第 1 次印刷
书　　号　ISBN 978 - 7 - 5767 - 1616 - 0
定　　价　78.00 元

⚛ 前　言

随着自动化、数字化、智能化等先进制造技术的引入,直升机制造技术体系发生重大变革。本书以作者历年来在多型号直升机零部件制造中积累的丰富经验为基础,立足当前直升机制造领域实际和未来发展的需求,着眼直升机零部件制造先进技术,通过对直升机零部件制造技术关键要素的全面梳理,阐述直升机全流程制造技术的知识架构,归纳分析零部件制造工艺方法、适用性、难点及配套装备等。

本书以某型号直升机及其延伸型号机为例,内容涵盖了近年来新兴发展并广泛应用的直升机零部件制造技术,还列举了增材制造、激光处理等新兴技术在直升机零部件制造中的应用前景。

全书共5章,包括直升机结构及其制造工艺特点、直升机钣金零件成形技术、直升机零件机械加工制造技术、直升机复合材料构件制造技术、直升机制造材料技术及热表处理技术,每章阐述相应零部件典型结构、相应制造技术及制造要求等。

本书由陆军装备部航空军事代表局驻哈尔滨地区航空军事代表室张国强、航空工业哈尔滨飞机工业集团有限责任公司熊俊撰写,具体撰写分工如下:第1章由张国强、曹金华、赵琛、贾紫淇、米南、杨萨娜、郝钢凝、王庆有共同撰写,第2章由张国强、张思奇、李若男、李海昌、尹荣颖、马广宇、刘勇达共同撰写,第3章由熊俊、杨雄飞、时丽、张永岩、孙东海、刘义明、王振林、初旭更共同撰写,第4章由熊俊、闫冰、杨昊、李睿、时振东、赵学莹、尹荣颖、刘启迪、李丽丽、佟淑慧、徐斯斯、李晋宇共同撰写,第 5 章由张国强、刘勇、徐海鑫、陈静、王朝琳、毛英坤、李志超共同撰写。本书由北京航空航天大学高瀚君教授,西北工业大学张杰教授,航空工业哈尔滨飞机工业集团有限责任公司董楹、云庆文主审,全书由张国强、熊俊统稿,由尹荣颖、李海昌负责排版等工作。

本书可供航空工程技术人员、航空领域军事代表及相关专业师生参考使用。

由于作者水平有限,书中难免存在疏漏之处,敬请广大读者批评指正。

作　者

2024 年 7 月

目　录

第 1 章

直升机结构及其制造工艺特点

1.1 直升机发展概述

1.1.1 直升机的起源

在遥远的古代,人类一直有一个"不切实际"的梦想——能够如飞鸟一样在广袤的蓝天下展翅翱翔。我国古籍《山海经》中的飞车、希腊神话中墨丘利的带翅凉鞋、日耳曼传说中魏兰的飞行马甲和阿拉伯神话中的飞毯等,这些可以带着人类腾空而起的飞行道具表达着人类对于利用器械飞天的美好愿景。

公元 320 年前后,我国晋朝葛洪在所著的《抱朴子》中写道:"或用枣心木为飞车,以牛革结环剑,以引其机。或存念作五蛇六龙三牛、交罡而乘之,上升四十里,名为太清。"这段记述被认为是对于竹蜻蜓的最早记载,如图 1.1 所示,而竹蜻蜓则是直升机最早的概念来源。

15 世纪,意大利著名画家、发明家达·芬奇对机械飞行产生了浓厚兴趣,他曾创作超过 500 幅图来介绍飞行器和鸟类飞行等,还构思设计了滑翔机和直升机的概念设计图。他于 1483 年绘制的带有螺旋旋翼的直升机设计图,被广泛认为是现代直升机的前身,如图 1.2 所示。

直到 20 世纪初,法国人保罗·科尼尔开始了直升机飞行理论研究,并于 1907 年研制出第一架全尺寸载人直升机,如图 1.3 所示。这架直升机机身长度

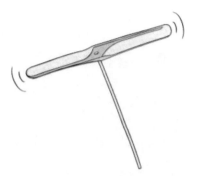

图 1.1　竹蜻蜓

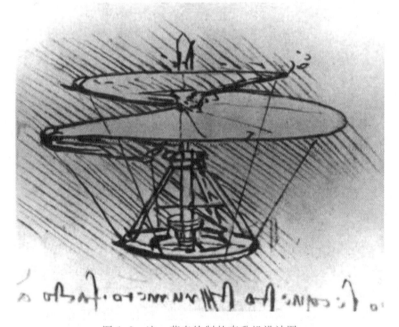

图 1.2　达·芬奇绘制的直升机设计图

为 6.2 m,质量为 260 kg,机身主结构是由一根 V 形钢管和六根直钢管构成的星形组合件,并采用钢索增加框架结构刚度。V 形钢管中部安装一台安特瓦内特发动机和一个驾驶员座椅,两端各装有一副直径为 6 m 的旋翼,每副旋翼由两片桨叶构成。这架直升机在 1907 年 11 月 13 日的试飞中,靠自身动力离开地面 0.3 m,并连续飞行 20 s,是人类历史上第一架完成垂直升空并水平飞行的直升机。虽然保罗·科尼尔的直升机存在许多不足,如飞行速度慢、飞行稳定性差和控制困难等,但却给后来的直升机研制者们提供了非常宝贵的经验与启示。

1936 年,德国福克公司公开了福克·沃尔夫设计的 FW-61 直升机,一架机

图 1.3 保罗·科尼尔研制出的第一架全尺寸载人直升机

身类似固定翼但没有固定机翼的大型双旋翼横列式直升机,如图 1.4 所示。FW—61 的设计源自 FW—44 固定翼教练机,福克·沃尔夫保留了 FW—44 的座舱,将固定翼拆除并在翼根位置各焊接了一副大型金属三脚架,在三脚架顶部各安装一副三叶片旋翼。FW—61 是世界上第一架具有正常操纵性的直升机,虽然造型奇怪,但它实现了现代直升机能够完成的所有基本动作。

图 1.4 FW—61 直升机

1939 年 9 月 14 日,美国西科斯基飞行器公司设计的 VS—300 直升机首飞成功,如图 1.5 所示。VS—300 直升机采用了单副旋翼和尾部反扭力桨的设计,这种设计成为后来直升机的标准配置。虽然 VS—300 直升机的首次试飞比法国和德国晚,但它却是第一架真正意义上的实用型直升机,标志着直升机正式进入实用发展阶段。

1940 年,美国陆军将 VS—300 的改进型号(VS—316 直升机)纳入军用机型,编号为 R—4,这是第一个列装服役的直升机型号,也是第一个批量生产的直升机型号,如图 1.6 所示。1943—1945 年间,R—4 直升机担任过美军驻缅甸指挥官的观察机。此后,美国大量使用 R－4 直升机执行运输、救护等任务。

图 1.5　VS－300 直升机首飞

图 1.6　R－4 直升机

1.1.2　直升机的发展

从 VS－300 直升机成功首飞至今,直升机已历经 85 年的发展变革。随着现代科技与工业制造水平的不断进步,直升机的各项性能与指标大幅提升,技术的积累引起质变,进而在直升机间产生代差。直升机的划代标志主要考虑以下几方面。

(1)发动机技术。随着技术进步,直升机发动机从活塞式不断迭代优化到涡轮轴式,再到更为先进的发动机类型,为直升机提供了更强的动力和更高的效率。

(2)旋翼、机体结构的材料与设计。旋翼材质从金属或金属/木质混合式发展为全复合材料,机体结构的复合材料应用比例也逐渐升高,伴随着人们对空气动力学和结构力学的深入研究,结构设计不断优化。

（3）航电与飞控系统。电子技术的快速发展为直升机航电设备与飞控系统的迭代更新奠定基础，例如导航、通信、自动驾驶等，极大提高了直升机的飞行性能和安全性。

（4）多任务应用场景。新型直升机通常具备更强的多任务能力，满足军用和民用需求的多样化。

1.1.2.1　第一代直升机

从 VS—300 于 1939 年首飞成功至 20 世纪 60 年代初，这一时期被称为第一代直升机的发展时期，主要技术特征有以下几种。

（1）活塞式发动机。活塞式发动机在当时是较为成熟可靠的产品，为初代直升机提供了必要的飞行动力。

（2）金属/木质混合式旋翼桨叶。金属/木质混合材质既保证了旋翼的强度和耐用性，又在一定程度上减轻了直升机的质量。

（3）机身是钢管焊接的构架式或铝合金半硬壳式的结构，这种结构具有较好的强度和稳定性。

（4）简易的仪表和电子设备，能够满足直升机飞行的基本需求。

（5）最大平飞速度不超过 200 km/h。

（6）振动水平偏高，约为 0.20g。

（7）噪声水平偏高，约为 110 dB。

与后来的直升机相比，第一代直升机虽然配套落后、舒适性差，但在当时的民用和军用领域都发挥了重要作用，为后续的直升机迭代发展奠定了基础。苏联生产的米—4 直升机（图 1.7）和美国生产的贝尔—47 直升机是第一代直升机的典型代表。

图 1.7　米—4 直升机

1.1.2.2　第二代直升机

从 20 世纪 60 年代初期至 70 年代中期,这一时期被称为第二代直升机的发展时期。第二代直升机在各项技术和性能方面的改善与当时迅速发展的机械、电子信息等技术息息相关,主要技术特征有以下几种。

(1)第一代涡轮轴式发动机。将活塞式发动机换为转速更高、稳定性更强和寿命更长的涡轮轴式发动机,提高了直升机的飞行性能,使直升机在各种环境条件下都能保持稳定的运行状态。

(2)全金属桨叶与金属铰接式桨毂构成的旋翼。相较于第一代旋翼,这种旋翼的强度和耐用性得到了大幅提升。

(3)铝合金半硬壳结构机身。支架配合铝合金蒙皮形成的半硬壳结构,保证机身的结构强度,又在一定程度上减轻了机身质量。

(4)采用最初的集成微电子设备,能够更加精确地显示飞行数据,同时使直升机的操作更便捷,提高了飞行的安全性和可靠性。

(5)最大平飞速度约为 250 km/h。

(6)振动水平约为 0.15g。

(7)噪声水平约为 100 dB。

第二代直升机在动力、设计、电子设备、飞行性能和舒适度等方面均有显著提升,典型代表有苏联生产的米－8 直升机和法国生产的"超黄蜂"直升机,"超黄蜂"直升机如图 1.8 所示。

图 1.8　"超黄蜂"直升机

1.1.2.3　第三代直升机

从 20 世纪 70 年代中期至 80 年代末,这一时期被称为第三代直升机的发展时期。第三代直升机在技术和功能方面都有大幅提升,材料科学的迅速发展为直升机注入了新的活力。第三代直升机的主要技术特征有以下几种。

（1）第二代涡轮轴式发动机。新一代的涡轮轴式发动机使得热效能进一步提高,直升机的性能取得了质的飞跃。

（2）全复合材料桨叶与带有弹性元件的桨毂构成的旋翼,使复合材料桨叶具有更好的弹性和更轻的质量。

（3）机身部分结构使用复合材料。引入复合材料替代了传统的铝合金蒙皮,使机身部分结构具有更好的结构强度、抗冲击性。

（4）采用大规模集成电路的电子设备和较为先进的飞行控制系统。先进的控制算法可以细致准确地显示飞行数据,同时更精确地响应飞行员指令,帮助飞行员在复杂环境下稳定飞行姿态,提升飞行的安全性。此外,先进的飞行控制系统能够辅助飞行员执行任务,并辅助决策,减少飞行员的负担,提高作战效率。

（5）最大平飞速度约为 300 km/h。

（6）振动水平约为 0.1g。

（7）噪声水平约为 90 dB。

第三代直升机在机体材料和飞行控制方面都与第二代直升机拉开了极大差距,由于第三代直升机显著提升了飞行速度、机动性、振动和噪音控制等,因此它在飞行性能、稳定性、安全性和舒适性等方面达到了一个新高度,大大增强了直升机在各种环境中的作战能力和生存能力。法国生产的"海豚"直升机、我国引入"海豚"直升机全套技术后自研的某型直升机、美国生产的"黑鹰"直升机和"阿帕奇"武装直升机(图 1.9)、苏联生产的卡-50 直升机和米-28 直升机都是第三代直升机的杰出代表,在国际上具有较强的影响力。

图 1.9　"阿帕奇"武装直升机

1.1.2.4 第四代直升机

从 20 世纪 90 年代至今,直升机的发展进入第四代,第四代直升机是目前作为成熟产品面世的最新一代直升机,主要技术特征有以下几种。

(1)第三代涡轮轴式发动机和电传操纵系统。发动机效率、可靠性、稳定性和耐久性进一步提升,通过电信号传递飞行员操纵指令,显著提高飞行性能和操控性。

(2)进一步优化设计的翼型、桨尖和先进的复合材料旋翼桨叶,无轴承或弹性铰式等新型桨毂。

(3)机身结构大部分甚至全部使用复合材料,先进复合材料的大比例应用使得直升机在结构强度和机身轻量化之间取得平衡。

(4)先进的飞行控制、通信导航、综合显示和任务管理系统,可以更准确和迅速地传递飞行员操纵指令,减少驾驶负担,协助飞行控制,进一步提升直升机综合性能。

(5)最大平飞速度已达 315 km/h。

(6)振动水平约为 0.05g。

(7)噪声水平约为 80 dB。

先进的发动机、旋翼设计和飞行控制等赋予了第四代直升机更大的飞行速度、更远的航程、更好的操控性和安全性及更佳的舒适性。第四代直升机的典型代表主要有美国生产的"科曼奇"直升机和欧洲五国联合研制生产的 NH-90 直升机(图 1.10)。我国直升机工业在第四代直升机上实现了对美国、俄罗斯、法国等国的追平,我国自主研制生产的某型直升机广受国际认可,是第四代直升机中优秀的一员。

图 1.10　NH-90 直升机

1.1.3　国内外主要直升机制造公司

1.1.3.1　贝尔直升机公司

贝尔直升机公司总部位于美国得克萨斯州,是一家知名直升机制造商。贝尔直升机公司成立于 1935 年,前身是贝尔飞机制造集团,该公司于 1941 年开始研发直升机,并于 1943 年进行了贝尔-30 直升机的首飞。贝尔直升机公司生产的直升机广泛应用于民用和军用领域,是生产和销售直升机数量最多的公司之一。该公司旗下的著名民用直升机包括 Bell 2xx 系列和 Bell 4xx 系列,其中 Bell 407 以可靠性和多功能性而著称;著名的军用直升机有 HU-1 系列和 AH-1 系列,还有与阿古斯塔-韦斯特兰公司合作制造的 A139 直升机和与波音公司合作的 V-22 倾转旋翼机。

1.1.3.2　空中客车直升机公司

空中客车直升机公司前身为欧洲直升机公司,是目前最大的民用直升机制造商,简称空客直升机公司,在民用和军用直升机市场中占据领先地位。其线下产品涵盖了轻型、中型和重型多个吨位范围,自研的 H145 直升机是一款瞄准市场空缺的轻型双发多用途直升机,采用高性能旋翼、气动优化机身和现代化驾驶舱设计,广泛用于搜救、警务和近海作业等。

1.1.3.3　阿古斯塔-韦斯特兰公司

阿古斯塔-韦斯特兰公司原身为阿古斯塔公司,成立于 1923 年,后与英国吉凯恩集团韦斯特兰直升机公司合并。阿古斯塔-韦斯特兰公司作为意大利骨干航空企业之一,它在全球 VIP/公务飞行旋翼机领域中具有重要地位,生产的直升机以意大利风格和技术创新而著称,备受各国人士的青睐。该公司的直升机系列广泛,较知名的直升机有 AW 119Kx 轻型直升机、T129 武装直升机和 AW139M 多用途军用直升机等。

1.1.3.4　西科斯基飞行器公司

西科斯基飞行器公司成立于 1923 年,是知名的直升机制造商,也是美国主要的直升机制造商。该公司生产的直升机产品在全球范围内被广泛使用,目前大约有 50 多个国家和地区使用该公司的直升机产品。该公司最著名的产品——UH-60 黑鹰直升机是享誉全球的武装直升机代表,RAH-66 科曼奇直升机和 CH-53E 超种马直升机在美国军用领域占据重要地位。美国总统的直升机一直使用该公司的产品,由此可见该公司直升机在美国的地位。

1.1.3.5 航空工业哈尔滨飞机工业集团有限责任公司

航空工业哈尔滨飞机工业集团有限责任公司成立于 1952 年,是我国通用直升机和先进复合材料构件的研发制造基地,也是我国"一五"时期的 156 个重点项目之一,还是我国唯一一家同时具备直升机和定翼机生产制造能力的航空企业。该公司曾长期与波音、空中客车、霍尼韦尔等国际知名航空企业合作,合作模式包括零部件制造供应和整机合作开发,与空中客车直升机公司共研的AC352 直升机远销海外,口碑极佳。此外,该公司自主研发了多型号系列产品,在民用和军用领域广受好评。

1.1.3.6 昌河飞机工业(集团)有限责任公司

昌河飞机工业(集团)有限责任公司成立于 1969 年,是我国直升机重要的科研生产基地。该公司生产的 AC313 直升机具有较高的安全性、可靠性和舒适性,广泛用于货运、搜救、抢险、森林消防和医疗救护等,填补了我国中型民用直升机的空白。

1.1.4 我国直升机发展历程

我国直升机产业可以追溯至 20 世纪 50 年代,其发展历程虽然充满艰辛曲折,但经过多年的努力和探索,已取得了长足的进步。

1.1.4.1 起步阶段

1958 年,我国开始仿制苏联的米-4 直升机,将其命名为直-5 直升机,如图1.11 所示,这是我国直升机工业的开端。1964 年,直-5 直升机通过国家鉴定并投入批量生产,成为我国第一个投入批量生产的直升机型号。此后,我国又仿制出直-6、直-7 等型号的直升机,但其性能和技术水平未能达到军用标准。

图 1.11 直-5 直升机

1.1.4.2　跟随阶段

20 世纪 70 年代至 80 年代,我国在"超黄蜂"直升机和"海豚"直升机全套设计图纸与技术方案的基础上,研制出直－8、直－11 和 H425 等型号的直升机,如图 1.12 所示。此后随着国产率逐年提高,我国直升机工业逐渐摆脱受制于人的境地。

(a) 直–8直升机

(b) 直–11直升机

(c) H425 直升机

图 1.12　直－8、直－11、H425 直升机

1.1.4.3　自研阶段

2000年以后，我国直升机开始进入自主、创新的时代。2004年，某型直升机研制成功并正式在部队列装，这是我国第一款自主设计、研发和制造的武装直升机，它标志着我国在直升机研制领域取得了重大进展和突破，是我国直升机工业发展的重要里程碑。在此之后，直升机产业持续发展，不同质量、性能的直升机陆续研制成功，这些直升机不仅具备一定的创新性，还具有更好的实用性，标志着我国的直升机已经走向了世界前列。

1.2　直升机的特点及分类

1.2.1　直升机的特点

与固定翼飞机相比，直升机主要活动在低空、超低空区域，具备以下特点。

（1）能够垂直起降。

（2）对起降场地要求极低。

（3）能够在空中静态悬停和转弯。

（4）能够在机头方向不变的情况下，向任意方向飞行。

（5）能够吊装体积和质量都非常大的物体。

（6）具有较强的机动性。

1.2.2　直升机的分类

由于直升机独特的起降形式和飞行特点，因此其用途极为广泛，涉及领域繁多，本节主要介绍按使用功能、质量和结构形式分类的直升机。

1.2.2.1　按使用功能分类

按使用功能分类，直升机可分为民用和军用两大类。在民用方面，直升机可用于短途运输、医疗救护、抢险救灾、紧急营救、地质勘探、森林灭火、设备吊装和空中摄影等；在军用方面，直升机可用于对地攻击、机降登陆、武器运送、后勤支援、战场救护、侦查巡逻、指挥控制、通信联络、反潜扫雷和电子对抗等。

1.2.2.2　按质量分类

直升机的起飞质量与机动性能、飞行时长和爬升率等参数强相关，直接影响直升机的应用场景。以最大起飞质量为分类标准，小型直升机质量为 2 t 以下，轻型直升机质量为 2～4 t,中型直升机质量为 4～10 t,大型直升机质量为 10～20 t,重型直升机质量超过 20 t。

1.2.2.3　按结构形式分类

根据旋翼系统的结构形式,直升机可以分为单旋翼直升机、纵列式双旋翼直升机、横列式双旋翼直升机、共轴式双旋翼直升机等,如图 1.13 所示。

(a) 单旋翼

(b) 纵列式双旋翼

(c) 横列式双旋翼

(d) 共轴式双旋翼

图 1.13　各种旋翼结构形式的直升机

1.3　直升机机体结构

直升机的机体结构是由各部件、系统连接而成的一个整体,需要有效承受载荷,满足强度、刚度、寿命等要求,还需要具备高可靠性和低生命周期成本。直升机结构形式呈多样化发展,但其主结构万变不离其宗。直升机机体结构分为机身结构、尾部结构、动力舱、舱门、起落架、主旋翼和尾桨,直升机机体结构如图 1.14所示。

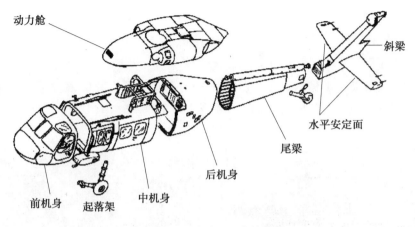

动力舱

斜梁

水平安定面

尾梁

后机身

前机身　　起落架　　中机身

图 1.14　直升机机体结构

1.3.1　机身结构

前机身主要由驾驶舱和设备舱构成。位于上方的驾驶舱内部空间一般能容纳正、副驾驶员,并为后方客舱提供通道;对于前三点式起落架的直升机,前机身下方设有前起落装置舱,用于前起落架的收放。位于机头部分的设备舱可以容纳各类航空电子设备。前机身的设计应满足高吸能和抗坠毁的要求,提高直升机坠落事故中驾驶员的生存概率。

中机身是直升机机体结构的重要枢纽,连接前机身和后机身,承受并传递全机在各种飞行和着陆状态下的惯性载荷。中机身主要包括框、梁、侧蒙皮、底蒙皮、上平台和座舱地板,上部连接动力舱,下部连接起落装置舱,内部客舱用于装载人员、设备。

后机身连接中机身和尾部结构,也称为过渡段,用于传递尾部到机身的载荷,通常用作货舱和油箱舱,主要由框、梁、侧蒙皮、底蒙皮、上平台和行李舱地板构成。

1.3.2　尾部结构

直升机尾部结构一般包括尾梁和斜梁。

尾梁用来支撑减速器,固定水平安定面和斜梁,承受作用在水平安定面和斜梁上的气动载荷,同时承受尾桨推力和反扭矩。对于前三点式起落架的直升机,为避免直升机着陆时尾桨或尾梁触地,尾梁后部通常装有尾撑或尾橇;对于后三点式起落架的直升机,后起落架一般安装在尾梁,因此尾梁还需要承受尾撑/尾橇或后起落架着陆时产生的载荷。

斜梁主要承受尾桨产生的侧向力和气动载荷,并提供向前飞行时的方向稳定力矩。

1.3.3　动力舱

动力舱位于中机身和后机身上部。上平台承载发动机、电子设备、进气道和排气道,动力舱罩覆盖全部上平台设备并提供气动外形,内置防火墙防止火焰从动力舱向外部或客舱蔓延,并确保两台发动机之间的有效物理隔离。

1.3.4　舱门

直升机舱门通常包括驾驶舱门、客舱门和应急舱门,主要形式为铰链式和滑动式。舱门应具有足够的强度和刚度,并能够承受飞行过程中产生的最大气动载荷。此外,在接近地面飞行或滑行过程中打开舱门,舱门处的气动载荷应全部作用在舱门连接件上。

1.3.5　起落架

起落架用于直升机的起飞、着陆、滑行和停放,其主要作用是吸收直升机着陆时垂直速度带来的能量,减少着陆撞击引起的过载。由于起飞质量和着陆场地的不同,起落架可分为轮式、滑橇式和浮筒式等。轮式起落架一般用于 4 t 以上的直升机,滑橇式起落架多用于小型直升机。轮式起落架是目前在直升机上使用最广泛的起落装置,主要分为前三点式和后三点式。前三点式单轮安装在前机身下方,双轮安装在中机身重心后方;后三点式两个主轮安装在中机身重心前面,尾轮安装在尾梁下部。

1.3.6　主旋翼

主旋翼是直升机的重要象征,是实现直升机垂直起降的关键部件,不仅为直升机提供升力和前进力,还提供纵向、横向的操纵力矩,与尾桨协同操纵直升机航向。主旋翼的空气动力特性直接影响直升机的性能、操纵性和可靠性,也是直升机发生振动和噪声的主要来源。主旋翼的基本结构由两片以上的桨叶与一个桨毂连接而成,桨毂连接旋翼轴和桨叶,旋翼轴带动桨毂转动,使桨叶与空气发生相对运动而产生空气动力。主旋翼的主要作用可以概括为以下几点。

(1)产生向上的升力,用于平衡直升机重力及机身、平尾等部件在垂直方向的分力。

(2)产生向前的水平分力,用于直升机克服空气阻力实现水平前行。

（3）悬停过程中产生侧向或后向的水平分力，用于直升机向侧向或后向水平移动。

（4）产生分力和力矩进行直升机的机动控制。

（5）如果发动机出现空中停车，可以通过操纵旋翼保持自转状态产生升力，保证直升机安全着陆。

1.3.7　尾桨

尾桨是单旋翼直升机的重要组成部分，安装在直升机的尾部。直升机主旋翼旋转时会受到空气对主旋翼的反作用力矩，若不采取平衡措施，直升机将会因该力矩发生逆旋翼转动方向的旋转，而尾桨产生的拉力或推力和垂尾产生的侧力相对于直升机机体重心形成的偏航力矩可与空气对主旋翼的反作用力矩相平衡。除此之外，尾桨还可以看作是一个垂直安定面，可以提高直升机的航向稳定性。尾桨通常有常规尾桨和涵道尾桨两种形式，常规尾桨与主旋翼类似，由桨叶和桨毂组成，涵道尾桨由位于尾部斜梁中的涵道和涵道中央的转子组成。

1.4　直升机制造工艺及其特点

1.4.1　直升机制造工艺

直升机的制造从零件加工开始，零件加工并经过表面处理后进行部件、组件装配。由于零件的结构形式与功能需求不同，因此采用的加工方法也不同。直升机制造过程中涉及的主要制造工艺分为钣金加工、机械加工、复合材料成形、铆接装配工艺和热表加工。

1.4.1.1　钣金加工

直升机上采用的钣金加工零件尺寸不一、品种繁多、形状复杂、选材各异，钣金零件的尺寸精度要求不高，主要考核零件表面是否存在影响其关键性能指标的损伤或缺陷。钣金加工零件主要分类及对应成形方法如下。

（1）平板零件。成形方法主要有剪切、铣切、冲裁、激光切割、电火花线切割和高压水切割等。

（2）板弯型材零件。成形方法主要有压弯、折弯和型辊。

（3）拉深零件。成形方法主要有刚性膜拉深、柔性膜拉深、差温拉深和变薄拉深。

（4）蒙皮零件。成形方法主要有闸压成形、滚弯成形、拉形和组合成形。

（5）橡皮成形零件。成形方法主要有直线弯边、曲线弯边。

（6）旋压零件。成形方法主要有普通旋压、变薄旋压。

（7）型材零件。成形方法主要有拉弯、绕弯、滚弯和压弯。

（8）导管零件。成形方法主要有绕弯、滚弯、模弯、充液压弯和热弯等。

（9）钛及钛合金零件。成形方法主要有冷成形、热成形和超塑成形。

1.4.1.2　机械加工

机械加工是指通过机械设备对零件的外形尺寸或性能进行改变的工艺过程。直升机制造过程中常见的机械加工为切削加工，如直升机机身的框、梁、肋和接头等大多采用切削加工的形式完成。机械加工零件毛坯一般为锻件和铸件，主要的加工方式包括车削、磨削、铣削、钻削和刨削等。随着制造技术数字智能化的普及，机械加工设备可实现的功能和精度越来越高，越来越多的零件采用数控机械加工。

1.4.1.3　复合材料成形工艺

复合材料成形工艺是复合材料工业发展的基础和条件，随着复合材料应用领域的拓宽，其成形工艺日臻完善，新的成形方法不断涌现，本节对主要成形工艺进行介绍。

1. 模压成形工艺

模压成形是将一定量的模压料放入金属对模中，在一定的温度和压力作用下使模压料固化成形的一种工艺方法。模压成形工艺利用树脂固化反应中各阶段的特性来实现制品成形，是复合材料工业中最古老而又不断焕发活力的一种成形方法。模压成形工艺按增强材料物态和模压料品种可以分为纤维料模压法、碎步料模压法、织物模压法、层压模压法、缠绕模压法、片状膜塑料模压法和预成形坯料模压法。

2. 缠绕成形工艺

缠绕成形是指将浸过树脂胶液的连续纤维或布带按照一定规律缠绕到芯模上，然后固化脱模制成增强塑料制品的工艺过程。其中，选用预浸纱带（预浸布带）在缠绕机上经加热软化至黏流后缠绕到芯模上的方法称为干法缠绕，用无捻粗纱（布带）浸过树脂胶液后直接缠绕到芯模上的方法称为湿法缠绕。

3. 手糊成形工艺

手糊成形是用纤维增强材料和树脂胶液在模具上铺敷成形，在室温（或加热）、无压（或低压）条件下固化，脱模成制品的一种工艺方法。手糊成形工艺是复合材料最早的一种成形方法。

4.真空袋成形工艺

真空袋成形是在手糊成形工艺的基础上,采用橡胶袋、真空袋或聚乙烯薄膜对模压料进行低压成形的一种工艺方法。"海豚"直升机在复合材料零件成形的过程中,大量采用了真空袋成形工艺。

5.蜂窝夹层结构成形工艺

蜂窝夹层结构成形是将预浸材料与夹芯材料采用真空袋—热压罐加压固化成形为制件的一种工艺方法。夹芯材料多为芳纶蜂窝或硬质泡沫。蜂窝芯材有金属和非金属,蜂窝芯材原材料为玻璃布、绝缘纸或金属箔、黏接剂。

6.硅橡胶气囊成形工艺

硅橡胶气囊成形是指依靠热膨胀硅橡胶介质传递成形力,使复合材料制品成形的一种工艺方法,包括实体硅橡胶软模成形和充气胶囊软模成形。硅橡胶气囊成形工艺可以实现多腔结构制品的一次共固化。

1.4.1.4 铆接装配工艺

直升机装配采用以机械连接为主的连接方法,大量使用铆接,少量使用螺栓连接。常规铆接装配过程为:零件定位、夹紧→确定孔位→制孔→制窝→去毛刺、清除切屑→放铆钉→施铆。一般情况下,铆接分为普通铆接、密封铆接和特种铆接。其中,普通铆接采用半圆头铆钉、沉头铆钉、120°沉头铆钉和大扁圆头铆钉等,在没有特殊要求的结构上形成标准墩头或90°、120°沉墩头的铆接形式;密封铆接是在要求防漏气、防漏油、防漏水和防腐蚀的结构部位,采用不同的密封方法防止气体或液体泄漏的铆接形式;特种铆接是在主要受力、不开敞或密闭等结构部位,采用不同于普通铆钉形状的环槽铆钉、高抗剪铆钉、螺纹空心铆钉和抽芯铆钉等完成装配的铆接形式。

1.4.1.5 热表加工

热表加工主要分为热处理和表面处理两大类。热处理是指材料在固态下通过加热、保温和冷却的方法获得预期组织和性能的一种金属热加工工艺,常见的热处理包括渗碳、渗氮、退火、正火、淬火和回火等;表面处理是指在基体材料表面上人工形成一层与基体性能不同的表层的工艺方法,表面处理常用来增加产品的耐蚀性、耐磨性、装饰性或其他特殊功能,表面处理包括阳极氧化、化学转化、电镀、电铸、化铣和喷漆等。

1.4.2 直升机制造工艺特点

由于直升机具有构造复杂、零件种类繁多、制造精度高和产品质量要求高等特点,因此其制造工艺也相应具备以下特点。

(1)生产准备工作量大。

由于直升机的零件具有品种多、数量少、外形复杂和刚性较低等特点,零件成形往往需配备专用工装,装配过程中需要大量夹具、型架。因此,从原材料备料、工装设计制作等方面,直升机制造的前期生产准备工作量很大。

(2)批量小、手工作业多。

由于订单量小、型号多和结构频繁改动等,直升机制造过程需要很强的灵活性,工艺装备结构尽量简化以提高其通用性,这也是直升机制造企业机械化、自动化覆盖率低的根本原因。

(3)复合材料使用比例提升。

由于复合材料具有比强度高、比模量高、抗疲劳性能好、减震性能好、耐高温性能好、破损安全性好和可设计性好等特点,因此它在直升机迭代设计中的使用比例逐渐提升。20 世纪 80 年代,空中客车直升机公司集英国、法国、德国、意大利技术优势共同研制的 NH－90 直升机,其树脂基复合材料比例高达 95%;2020 年空中客车直升机公司生产的 H－160 直升机已实现全复合材料制造,整机没有一块金属结构。

1.5　新结构、新材料在 AC332 直升机上的应用

1.5.1　涵道尾桨结构在 AC332 直升机上的应用

涵道尾桨是法国国家航空宇航公司设计的一种尾桨形式,它于 1968 年在"小羚羊"直升机上首次应用。随着多年的技术积累越发成熟,涵道尾桨已成为一种常见的直升机尾桨设计形式。涵道尾桨在垂尾中制成筒形涵道,在涵道内装尾桨叶和尾桨毂,利用涵道产生附加气动力。这种尾桨的尾桨叶和尾桨毂直接安装在垂直安定面中,不易与外部结构发生碰撞。

AC332 直升机的涵道垂尾由 23 个复合材料成形件经过 5 次胶接而成,AC332 直升机主承力结构前缘锥体的成形和多次胶接的变形量控制是涵道垂尾制造成败的关键。技术人员采用无余量铺层技术将上百块各种形状的预浸料块精确铺放至具有弹性的硅橡胶气囊上,通过多次试验件试制确定料块铺放松紧度和铺放位置精确度,实现前缘锥体的首件试制,顺利完成涵道垂尾的生产。

1.5.2　复合材料主桨叶在 AC332 直升机上的应用

　　AC332 直升机的复合材料主桨叶由玻璃纤维浸胶而成的大梁带、碳纤维预浸料蒙皮、聚氨酯硬泡沫填充料等经过一次模压成形制得。主桨叶大梁带由 18 束玻璃纤维经集束、浸胶和缠绕等工序形成,将浸胶的玻璃纤维缠绕在"大梭子"上,然后按所需尺寸裁剪铺放到成形模具里;再通过改进泡沫填块的加工尺寸及桨叶根部碳纤维加强布的切割余量,并严格控制大梁粗纱预浸带的缠绕张力,最终制得与法国国家航空宇航公司的主桨叶寿命相同的产品。

第 2 章

直升机钣金零件成形技术

2.1 概　　述

2.1.1 直升机钣金零件及其制造工艺特点

钣金零件是直升机机体的主要组成部分,约占直升机零件数量的 50%,约占直升机零件质量的 40%,钣金工艺装备数量约占总工艺装备数量的 65%,钣金零件的制造工作量约占直升机制造工作量的 20%。近年来,复合材料类零件在直升机零件中的占比越来越大,但由板材、型材和管材等组成的薄壳结构仍然是直升机的主体,钣金工艺仍是必不可少的加工方法。

直升机钣金零件制造工艺与一般机械制造的钣金工艺不同,它是由直升机的结构特点和生产方式决定的,其特点如下。

(1)直升机钣金零件构成直升机机体的框架和气动外形,零件尺寸大小不一、形状复杂、选材各异、产量不等、品种繁多,有严格的质量控制和使用寿命要求,对成形后零件材料的机械性能有明确的指标,加工难度大。

(2)除了采用传统方法加工外,直升机钣金零件的加工有独特的工艺技术。从手工操作、半机械化到柔性制造系统,钣金零件加工工艺技术水平差异很大。

(3)直升机钣金零件加工以专用设备为主,钣金零件加工的专用设备是直升机钣金工艺技术发展的标志和预研成果的载体,对钣金零件成形质量有决定性的作用。这些专用设备研制周期长、技术含量大、投资额高,而社会需求少、设备利用率不高。

(4)直升机钣金零件使用的工艺装备品种多,协调关系复杂,制造周期长。由于钣金零件的刚度小、加工过程变形大,只有使用足够数量的配套工艺装备才能满足设计技术要求;相关工艺装备之间的几何信息传递环节多、积累误差大、协调困难。因此,钣金零件的工艺装备成为缩短直升机生产准备周期的重要环节。

(5)直升机钣金零件加工的工艺过程复杂、控制严格。零件外形、尺寸准确度、边缘状况、表面完整性、成形过程材料的组织结构和力学性能等必须采用相应的工艺措施和动态的检测方法,以满足零件的设计技术条件。

(6)直升机钣金工艺技术的发展取决于直升机结构的改进、新型材料的应用和工艺技术的进步。军用直升机不断提高的技术指标,民用直升机安全、长寿、舒适和市场的需求,相对密度小、刚度大、强度高、耐腐蚀材料的使用,钣金工艺和其他加工工艺的相互补充渗透,航空钣金工艺大量实践经验汇集等使直升机钣金工艺发展成一门综合性的应用技术。

2.1.2 直升机钣金零件的常用材料

按材料种类分类,直升机钣金零件的常用材料有铝合金(如 2A12、5A02)、钛及钛合金(如 TA1、TC2)、碳素钢(如 20♯、45♯)、合金钢(如 30CrMnSiA)、不锈钢(如 0Cr18Ni9)和铜合金(T3、H62)等。

按品种规格分类,直升机钣金零件的常用材料有板材、带材、型材和管材等。

2.1.3 直升机钣金零件的分类及成形技术

2.1.3.1 直升机钣金零件的分类

按直升机结构功能分类,直升机钣金零件可以分为以下三类。

(1)具有气动外形的蒙皮零件,如机身外蒙皮、旋翼前缘包片等。

(2)机体结构零件,如框、梁、长桁、隔板等。

(3)功能零件,如油箱、导管、支架等。

从直升机钣金零件的制造工艺角度考虑,按零件的相似性分类,可以分为以下三类。

(1)材料相似性是指材料品种、状态的相似性。

(2)工艺相似性是指零件的加工方法、工艺装备和使用设备的相似性。

(3)结构相似性是指零件的尺寸、形状、使用部位和零件所具有结构要素的相似性。

　　根据相似性分类原则,直升机钣金零件常用分类见表 2.1。

表 2.1　直升机钣金零件常用分类

序号	分类方法	内容
1	按材料品种	挤压型材零件、板材零件和管材零件
2	按材质种类	铝合金、铜合金、钛合金、不锈钢、合金钢和碳素钢等零件
3	按零件结构特征	蒙皮、框板、肋骨、梁、整流罩、带板和角材等零件
4	按工艺方法	下料、压弯、拉弯、滚弯、绕弯、拉深、拉形、落压、旋压、闸压、橡皮成形、喷丸成形、爆炸成形、局部成形和超塑成形及扩散连接等零件
5	按零件成形温度	冷成形和热成形零件
6	按零件变形特征	分离工序和成形工序零件

　　由于直升机钣金零件品种多、数量大、结构和成形方法复杂,首先按材料相似性将零件分为挤压型材零件、板材零件和管材零件,再按结构相似性和工艺相似性将每类零件分成若干零件相似族,如图 2.1 所示。

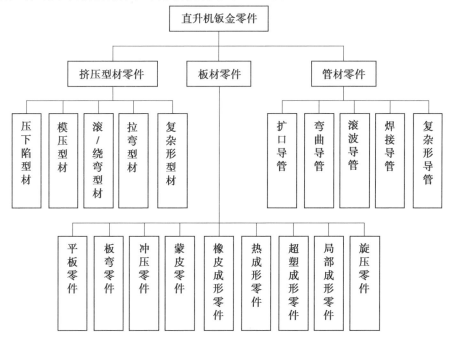

图 2.1　直升机钣金零件分类

2.1.3.2　挤压型材零件

挤压型材零件分类如图 2.2 所示。挤压型材零件通常是机体结构零件,如长桁、框和缘条等,可分为以下几种。

(1)压下陷型材。挤压型材零件的下陷分为直下陷、斜下陷、双面下陷、连续下陷和曲面下陷等。

(2)模压型材。通常是在冲压、液压设备上采用专用成形模具压制成形的,如"T"或"L"型材立筋的变角度、顶面变形等。

(3)滚/绕弯型材:自由弯曲。型材截面无变化,而长方向由设备滚/绕弯得到各类框、缘条零件。

(4)拉弯型材。直升机上的结构件(如长桁、框缘、肋条等)具有较大的相对曲率半径,准确度要求高,这类零件利用普通方法弯曲较难满足要求,因此采用拉弯。典型拉弯型材有"L"形收边角材、"T"形收边角材、"L"形放边角材和"T"形放边角材。

(5)复杂形型材,如一些变截面的挤压型材。

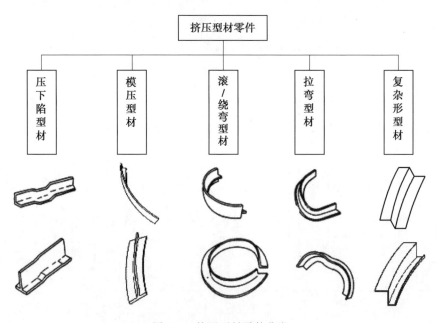

图 2.2　挤压型材零件分类

2.1.3.3　板材零件

板材零件分类如图 2.3 所示。板材零件是直升机机体的主要组成零件,如长桁、框、梁、蒙皮、隔板和角材等,可分为以下几种。

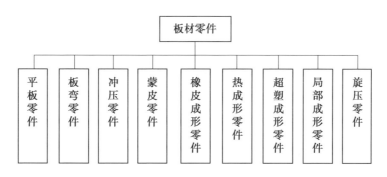

图 2.3　板材零件分类

(1)平板零件。

平板零件是指通过对金属板材下料进行加工获得的零件,其分类如图 2.4 所示。平板零件包括图纸给定的平板零件和成形工艺需要的毛料或展开料。平板零件在直升机结构中占比不大,但 80% 以上的钣金零件都需要先经过下料成毛料或展开料,而后成形,因此平板零件在钣金零件中具有重大意义。

平板零件的成形方法主要有剪切、铣切、冲裁、激光切割、电火花线切割、高压水切割等。

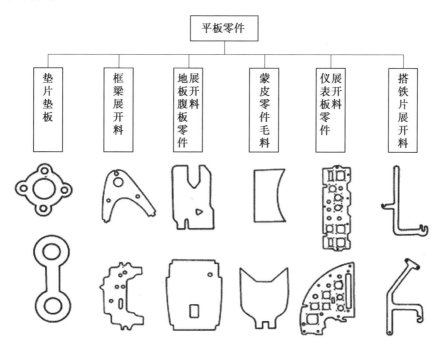

图 2.4　平板零件分类

（2）板弯零件。

板弯零件是指由板材弯曲成形的零件，其分类如图 2.5 所示，直升机上的角材、长桁和设备支架等多属于板弯零件。板弯零件一般采用闸压、压弯等工艺成形。

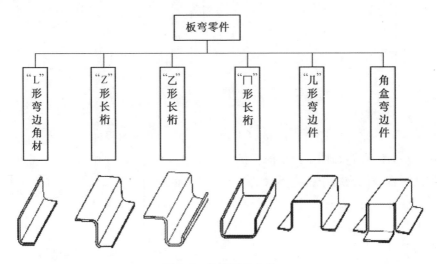

图 2.5　板弯零件分类

（3）冲压零件。

冲压零件是指由冲床或液压机床提供压力，通过模具对板材冲压而成形的零件，与机械行业常规冲压工艺一致，冲压零件分类如图 2.6 所示。直升机上多应用冲压的引伸工艺，通过引伸将平板毛料冲压成筒形或盒形的空心零件。

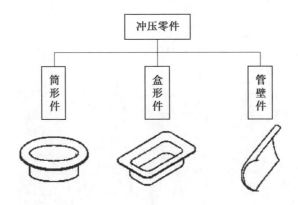

图 2.6　冲压零件分类

（4）蒙皮零件。

蒙皮零件是指构成直升机气动外形的薄板件和内部结构框架的包皮，其分类如图 2.7 所示。单曲度蒙皮一般采用滚弯或闸压,双曲度蒙皮一般采用拉形,前缘包片一般采用拉压成形。机身蒙皮一般是双曲度蒙皮,尾梁蒙皮一般是单曲度蒙皮,前缘包片一般指旋翼前缘包片,也是局部单曲度蒙皮。

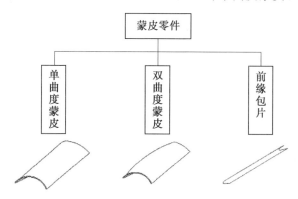

图 2.7　蒙皮零件分类

(5)橡皮成形零件。

橡皮成形零件是指板材通过橡皮等软介质施压贴合下模而成形的零件,其分类如图 2.8 所示,通常用橡皮囊液压机实现。

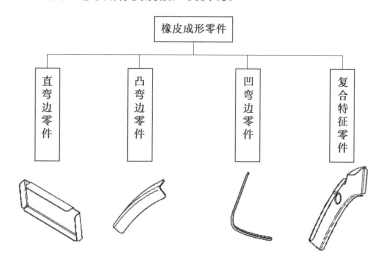

图 2.8　橡皮成形零件分类

(6)热成形零件。

热成形零件是指难成形材料在室温下通过加热的方式提高材料塑性,从而成形的零件。热成形零件一般是钛合金、高温合金材料零件。

（7）超塑成形零件。

超塑成形零件是指难成形材料在室温下需要特定条件才能达到超塑性，从而成形的零件。超塑成形零件一般是有一体化结构需求的复杂钛合金材料零件。

（8）局部成形零件。

局部成形零件是在零件局部位置成形出槽、筋、减轻孔、加强窝等形状的零件，成形方式有胀形、起伏成形、压印和翻边等。

（9）旋压零件。

旋压零件是指利用旋压工具对旋转坯料施加压力，使之产生连续的局部变形，从而得到空心回转体零件。

2.1.3.4　管材零件

管材零件分类如图2.9所示。管材零件主要是直升机功能零件，如导管、拉杆等，其特点是外形复杂、质量要求高、端头加工复杂及多需进行气密、强度试验等。

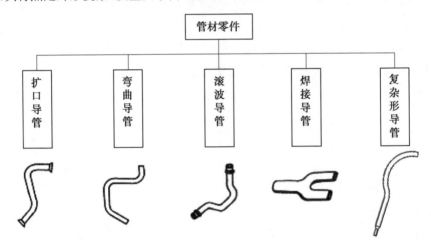

图2.9　管材零件分类

管材零件的下料主要采用锯切和冲切的方法；成形主要采用绕弯法、滚弯法、模弯法、充液压弯法和热弯法等；管子端头加工主要有扩口、缩口和无扩口等形式，需要专用设备和工装。

2.1.4　直升机钣金零件变形的基本特点

钣金零件的成形方法有多种，但从毛料的变形性质来看，只有"收"和"放"两种。"收"是指依靠毛料的收缩变形来成形零件，"收"的特点表现为毛料纤维缩短，厚度增加；"放"是指依靠毛料的拉伸变形来成形零件，"放"的特点表现为毛料纤维伸长,厚度减薄。"收"的主要障碍是起皱,"放"的主要障碍是拉裂。

钣金零件的种类繁多,形式各异,成形方法多种多样,但最基本的变形方式是弯曲、翻边、压延和局部成形(或胀形)等。毛料成形时,材料的变形往往是以上几种基本变形方式的复杂组合。

2.1.5　直升机钣金零件成形工艺装备

钣金工艺装备(简称钣金工装)是生产过程中为满足蒙皮零件、骨架零件、管材零件和复杂形状零件成形及检验技术要求,保证产品质量,提高生产效率,减轻工人劳动强度而配备模具的总称。按成形钣金零件的结构形式和工艺方法分类,可将钣金工装分为型模、拉伸胎、冲裁模、拉弯模、整修模、胀形模、引伸模、弯曲模、整形模、成形模、翻边模、滚压模、落锤模、冷挤压模、旋压模、闸压模、下陷模、钣金零件检验模、环氧塑料型模、胎模和管子成形模等。

2.2　直升机蒙皮零件的制造技术

2.2.1　蒙皮零件简介

现代直升机中,金属蒙皮零件的数量大幅减少,大部分金属蒙皮零件被复合材料零件替代,但由于成本、结构、环保需求等因素,金属蒙皮未被全面替代。蒙皮零件构成直升机的气动外形,要求外形准确、流线光滑和表面无划伤等。

2.2.1.1　尺寸特点

与固定翼飞机飞行载荷相比,直升机飞行载荷需求不高,金属蒙皮面积通常在 2 m×3 m 内,厚度一般为 0.6~1.5 mm。

2.2.1.2　结构特点

直升机金属蒙皮主要有两类:一类是与框、梁和长桁等直接连接的单板蒙皮;另一类是组成蜂窝夹层结构的胶接复合的内、外蒙皮。面积稍大的蒙皮一般采用化学铣切的方法实现厚度减薄,对长桁、框和梁等的连接区保留厚度,其他非连接区通过减薄实现减重。

机身蒙皮示意图如图 2.10 所示。机身中段蒙皮气动外形相对曲率较小,一般为单曲度蒙皮或航向曲率较小的双曲度蒙皮。机身后段蒙皮气动外形相对曲率较大,一般为双曲度蒙皮。机身底部蒙皮气动外形相对曲率较小,有局部平面。AC332 直升机机身底部蒙皮通常为蜂窝夹层结构的金属胶接复合蒙皮,其外蒙皮是厚度为 0.6 mm 的铝合金薄板,内蒙皮是厚度为 0.2 mm 的铝箔。

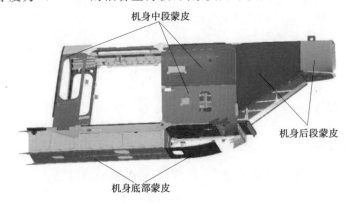

图 2.10 机身蒙皮示意图

尾梁蒙皮示意图如图 2.11 所示。尾梁蒙皮气动外形通常为锥体或异形锥体,长度超过 3 m,一般为单曲度蒙皮。AC332 直升机尾梁蒙皮通常为蜂窝夹层结构的金属胶接复合蒙皮,其外蒙皮是厚度为 0.6 mm 的铝合金薄板,内蒙皮是厚度为 0.2 mm的铝箔。

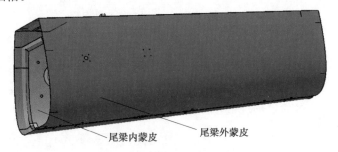

图 2.11 尾梁蒙皮示意图

旋翼、平尾及其侧端板前缘蒙皮通常为截面近似"V"形或"U"形的大曲率单曲度蒙皮,如图 2.12 所示。

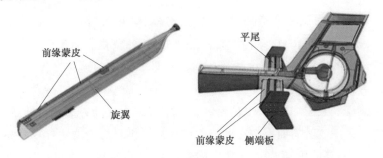

图 2.12 旋翼、平尾及其侧端板前缘蒙皮示意图

2.2.1.3　材料特点

直升机主机身蒙皮承力需求不大,大多采用铝合金薄板材料;旋翼、平尾前缘蒙皮在抗冲击等方面有较大的需求,一般采用不锈钢或钛合金薄板材料。

2.2.2　单曲度蒙皮零件制造技术

单曲度蒙皮零件的成形属于弯曲变形,相对弯曲半径较大、变形程度小,弹性变形区在毛料剖面上占比较大。单曲度蒙皮零件在制造过程中的主要问题是回弹和表面质量。精确计算回弹十分困难,目前先进的数控设备已具备自动补偿功能,结合数值模拟分析和经验,能够较快速准确地制造单曲度蒙皮零件。一般采用喷贴保护膜的方法保护蒙皮表面,较薄的毛料采用增加保护垫板的方法保护蒙皮表面。

直升机单曲度蒙皮典型零件主要有尾梁外蒙皮、旋翼前缘包片等。尾梁外蒙皮是变曲率异形锥体外形,尾梁外蒙皮示意图如图 2.13 所示。旋翼前缘包片是近似"V"形或"U"形的直筒外形,如图 2.14 所示。

图 2.13　尾梁外蒙皮示意图

图 2.14　旋翼前缘包片示意图

曲率相对较小的单曲度蒙皮零件一般采用滚弯成形工艺制造,如机身、尾梁蒙皮;曲率相对较大的单曲度蒙皮零件一般采用拉压成形工艺制造,如旋翼前缘包片。闸压(压弯)成形工艺一般用于大曲率、小半径区域的成形制造,如平尾及侧端板等小尺寸前缘蒙皮。

2.2.2.1　蒙皮滚弯成形

滚弯是指毛料从2～4根同步旋转的辊轴间通过,并连续产生塑性弯曲变形的一种成形方法。如图2.15所示,保持辊轴平行,通过改变辊轴的相互位置可以获得零件所需的曲率;通过改变辊轴的相互角度,并调整辊轴的相互位置可以获得零件所需的曲率和锥面。较先进的数控滚弯设备可有效优化由曲率变化、角度变化产生的棱线、扭曲等现象。

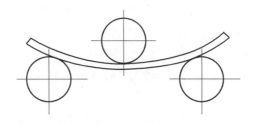

图 2.15　滚弯原理

滚弯是较传统的钣金成形工艺方法之一,其特点是通用性强,不需要专用工艺装备。随着自动化数控滚弯设备的发展,滚弯成形的异形锥体零件的准确度逐步得到保障。数控蒙皮滚弯机(三轴)示意图如图2.16所示。

图 2.16　数控蒙皮滚弯机(三轴)示意图

随着航空专用设备制造水平的提升,数控蒙皮滚弯机逐步取代原有液压机械设备,成为现有航空产品蒙皮滚弯的主力设备,但该类设备尚不能实现根据产品特征自动编程的功能,仍需要通过试错的方式积累工艺数据,即实际零件成形过程中,通过逐渐增加上辊轴的下压量进行滚弯成形,用检验样板测量成形后零件曲率是否满足要求,直至获得与样板外形吻合的零件形状为止,采用这种方法生产的零件成形的连续性不好,各道滚弯工序间易在零件上产生滚压痕迹等问题。在成功完成首件产品加工后,记录生产时各工序的工艺参数,再通过设备交互式界面进行编程,实现该种零件的数控化生产。钣金零件的种类多、数量少,想要通过试错法获得工艺参数,不仅产品的试制周期长,还会耗费大量的人力、物力。

可结合仿真、三维软件等方面予以优化,如针对任意单曲度蒙皮零件,可以通过三维软件按等距原则均分曲线,采用等距点功能,实现对曲线的等距划分,提取分割点处的曲率半径数值,根据滚弯半径与下压量的函数关系,获得各分割点需要的下压量,根据下压量完成零件的数控滚弯程序编制,准确得到所需的形状。与传统试错法相比,仿真数智化应用大大缩短了获取工艺参数的周期,更适用于实际生产。

2.2.2.2 旋翼前缘包片拉压成形

包片拉压成形是指利用拉压成形机对零件交替进行纵向拉伸和横向包覆施压的综合成形方法,如图 2.17 所示,包片拉压成形适合不锈钢包片零件的制造。

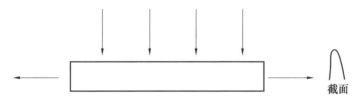

截面

图 2.17 包片拉压成形

1. 工艺过程

(1)预弯。成形前对毛料进行预弯,可以通过闸压实现。

(2)润滑。在零件与下模之间、零件与上模之间润滑。

(3)夹持。预弯毛料两端插入夹头并夹紧。

(4)拉压交替成形。根据材料延伸率、零件减薄率等要求计算拉伸率,分 3～4 次进行拉压成形;包覆施压在每次拉伸后进行,设备驱动上模向下模闭合,将板材压贴在下模,上模的运动是为了更好地将板材(特别是弯曲部位)压贴在下模。拉伸、包覆施压步骤交替进行,零件在不同的延伸率下成形。

2.拉压成形设备

拉压成形需要专用的设备,该设备具备纵向拉伸、横向包覆施压功能,在零件制造过程中能够实现零件的交替操作,各部件具体功能如下。

(1)夹头。通过安装在夹头上的一组夹块抱紧芯块,以夹持预弯曲毛料。

(2)拉伸缸。对夹持零件施加纵向拉力进行拉伸。

(3)垂直油缸。驱动上模对毛料或零件施加垂直压力使之贴覆下模。

3.工艺装备

(1)夹持工装。

夹持工装用于前缘包片拉伸成形的夹持,每个前缘包片成形需要配备两套夹持工装,每套夹持工装包括一组夹块(一般为五个夹块):一个上位垂直夹块、两个上位水平夹块、两个下位水平夹块和一个芯块,如图 2.18 所示。夹块及芯块的要求如下。

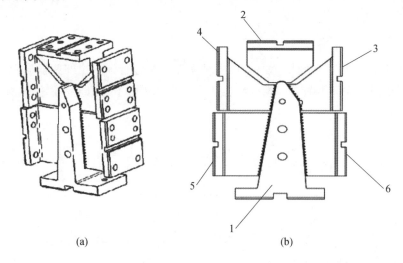

(a)　　　　　　　　　　　　(b)

图 2.18　夹持工装

1—芯块;2—上位垂直夹块;3、4—上位水平夹块;5、6—下位水平夹块

①每组夹块形状与所成形前缘包片刚性下模一侧对应,工作宽度一般为 30 mm,夹块材料为低合金钢热处理至高硬度,水平夹块表面有钻石状齿形,上位垂直夹块表面有条状齿形,如图 2.19 所示。

②芯块形状与所成形前缘包片刚性下模一侧对应,工作宽度一般为 50 mm,芯块材料为低合金钢热处理至高硬度,表面没有齿形。芯块安装高度较刚性下模略低或等高。

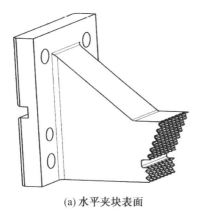

(a) 水平夹块表面

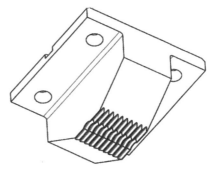

(b) 上位垂直夹块表面

图 2.19　夹块表面

（2）成形工装。

成形工装包括刚性下模和弹性上模两部分，成形工装立体图如图 2.20 所示，成形工装截面图如图 2.21 所示。刚性下模和弹性上模的要求如下。

①刚性下模用于前缘包片成形，是拉伸成形、包覆施压成形的支撑。模具应具有与前缘包片相同的理论型面，模具长度应在零件切割线以外两端至少留出 50 mm，模具截面工作高度应在零件切割线以外两端至少留出 40 mm。模具材料为低合金钢，表面精磨或抛光。刚性下模安装在机床下台面上。

②上模工作面由弹性橡胶材料制成，以保证与刚性材料下模表面贴合，弹性上模按刚性下模浇注制造。上模的模具长度、模具截面工作高度与下模相同。上模由金属"U"形槽模体和橡胶镶嵌块组成，金属"U"形槽模体采用 Q235 钢材料，橡胶镶嵌块有三个面，两个中等硬度的梯形侧面，一个较硬的底面。弹性上模悬挂在油缸的连接件上。

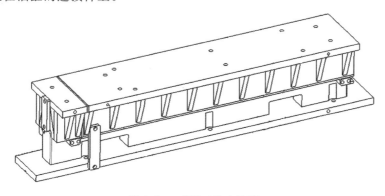

图 2.20　成形工装立体图

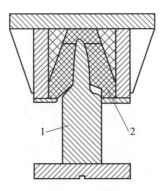

图 2.21　成形工装截面图

1—刚性下模；2—弹性上模

2.2.3　双曲度蒙皮零件制造技术

双曲度蒙皮零件的成形多采用拉形的方式。拉形是指毛料被设备钳口夹紧，受向两侧的拉伸作用，并与模胎贴合产生塑性变形，直至与模胎的型面完全贴合成为双曲度蒙皮零件的成形过程。

直升机双曲度蒙皮典型零件主要是机身中段、后段蒙皮。机身中段蒙皮曲率变化较小，如图 2.22 所示。机身后段蒙皮曲率变化较大，如图 2.23 所示。

图 2.22　机身中段蒙皮示意图

图 2.23　机身后段蒙皮示意图

2.2.3.1　蒙皮拉形成形特点

蒙皮拉形的基本原理是利用专用设备将毛料的两侧夹紧,同时毛料相对模胎型面移动,使毛料产生不均匀的拉应变而与模胎贴合,如图 2.24 所示。其特点是模具结构简单、零件表面质量好、成形准确度高,适合大尺寸零件生产。按加力方式和钳口与模胎的相对位置,蒙皮拉形可分为横向拉形和纵向拉形,简称横拉、纵拉。直升机双曲度蒙皮零件通常横向弧度大、纵向弧度小,一般采用横拉,横向拉形数控设备如图 2.25 所示。

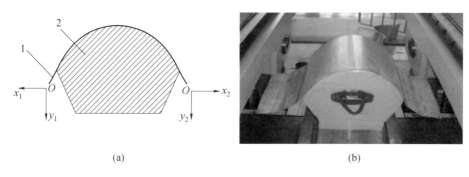

(a)　　　　　　　　　　　　　　(b)

图 2.24　蒙皮拉形的基本原理和实物示意图

1—毛料;2—模胎

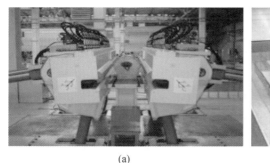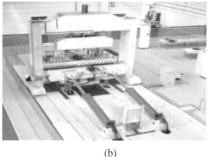

(a)　　　　　　　　　　　　　　(b)

图 2.25　横向拉形数控设备

横向拉形一般用于横向曲率大、纵向曲率小的零件;纵向拉形一般用于纵向曲率大、横向曲率小的零件。横向拉形是指毛料沿横向两端头夹紧,在拉伸钳口横向拉力的作用下,使毛料与模胎贴合的成形方法,通常情况下,横向拉形的方向与毛料的轧制方向垂直,由于钳口方向与毛料的纤维方向平行,沿轧制方向产生小曲率半径曲面,沿另一方向产生大曲率半径曲面。纵向拉形是指毛料沿纵向两端头夹紧,在拉伸钳口纵向拉力的作用下,使毛料与拉形模贴合的成形方法,纵向拉形的方向与毛料的轧制方向平行,毛料被夹持在有一定曲率的钳口上,因此在垂直于轧制方向上有中等大小的曲率,在平行于轧制方向上有较大曲率。

2.2.3.2　蒙皮拉形的成形过程

拉形的成形过程可分为弯曲阶段、拉形阶段和补拉阶段。

1.弯曲阶段

将毛料按模胎弯曲,并将毛料两端夹入机床钳口中,钳口下移使毛料沿弧线与凸模脊背接触,毛料被夹紧,此时材料只是弯曲。

2.拉形阶段

钳口夹持带动毛料向 y_1、y_2 方向移动,如图 2.24 所示,钳口根据零件及工艺方案设置保持夹紧继续拉伸向下移动,使毛料与模胎型面贴合面逐渐扩大直至完全贴合。设想将毛料沿横切面方向划分为无数条带,随着钳口下移,弧线附近的条带首先拉长,并随着钳口的继续下移,与之相邻的条带依次受到拉伸并与模具贴合,直到最边缘的条带与模具贴合为止,即整个毛料的内表面得到了凸模表面的形状。

3.补拉阶段

毛料与模胎型面完全贴合后,还需继续拉伸约 0.5% 的拉伸量,使外边缘材料所受的拉应力超过屈服点,其目的是减少零件的回弹和残余应力,提高准确度。

2.2.3.3　蒙皮拉形的工艺装备

早期直升机主要采用大型薄板类零件金属蒙皮,其成形主要依靠拉伸胎和拉伸机配合完成。拉伸胎典型结构如图 2.26 所示,拉伸胎可由塑料、铸铁和碳素结构钢制成,配合玻璃钢压板进行定位孔和定位耳片的制造。根据金属蒙皮制造工艺路线要求,其定位孔除用于自身成形定位(兼顾胎体与压板定位功能,也有因外形原因而分开取孔的)外,还应包含化铣、焊接、铆接和蒙皮胶接等后续工艺过程所需的协调位置,这与工艺模型不断深化应用有直接关系。

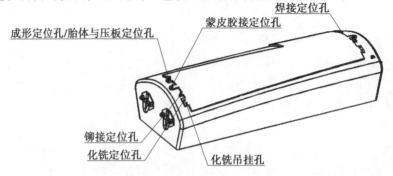

图 2.26　拉伸胎典型结构

2.3　直升机机体结构零件的制造技术

2.3.1　机体结构零件简介

直升机机体结构零件如图 2.27 所示,主要包括框、梁、长桁、缘条、框腹板、梁腹板、平台和地板等。

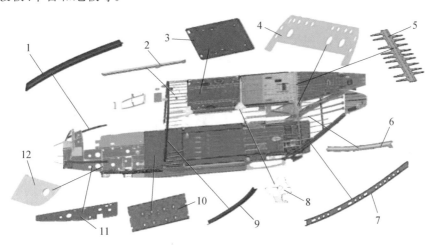

图 2.27　直升机机体结构零件

1—缘条;2—长桁;3—平台;4—框;5—连接带板;6—长桁;7—梁;8—连接带板;
9—框缘条;10—地板;11—梁腹板;12—框腹板

2.3.1.1　尺寸特点

与固定翼飞机飞行载荷相比,直升机飞行载荷需求不高,机体结构零件面积通常在 2 m×3 m 内,厚度一般为 0.4～1.5 mm。

2.3.1.2　结构特点

按零件结构特点,直升机机体结构零件可分为平板零件、弯边零件和型材零件。

(1)平板零件主要为机身上平台、地板、框腹板和梁腹板等的组成零件。AC332 直升机中机身底部框腹板、梁腹板、上平台通常为蜂窝夹层结构的金属胶接复合件,其一侧是厚度为 0.6 mm 的铝合金薄平板件,另一侧是厚度为 0.2 mm 的铝箔;地板通常为蜂窝夹层结构的金属胶接复合件,其一侧是厚度为 0.4 mm 的铝合金薄平板件,另一侧是厚度为 0.5 mm 的弯边零件。

(2)弯边零件主要为机身上长桁、框、框腹板、梁和梁腹板等。

(3)型材零件主要为缘条、框缘条和长桁等。

2.3.1.3 材料特点

直升机机身结构件承力需求不大，大多采用铝合金薄板材料；发动机舱有隔热需求，防火墙零件多采用钛合金薄板材料。

2.3.2 平板零件制造技术

2.3.2.1 平板零件的特点

平板零件是一个平面单一结构零件，周边有直线、凸弧线、凹弧线和曲线等轮廓，如图 2.28 所示。通常，平板零件可能分布通过孔、长桁缺口、安装孔和定位孔等。

图 2.28　平板零件示意图

2.3.2.2 平板零件制造方法与设备

除最终装到直升机上的平板零件外，直升机平板零件的制造包含其他板材成形零件前置工序的平板毛料或展开料制备。平板零件一般为铝合金、钛合金、铜合金、不锈钢和高温合金钢等薄板材料，其中铝合金薄板通常采用剪切和铣切下料的方法制造；钛合金、不锈钢、高温合金钢等薄板通常采用激光切割的方法制造；因铜合金薄板零件少，一般采用手剪的方法制造。

(1)剪切一般采用剪板机制备边缘为直线轮廓的毛料，如蒙皮零件的毛料。

(2)铣切下料一般采用铣切机床制备边缘为直线、凸弧线、凹弧线和曲线等轮廓的毛料，并兼顾制孔和制板内轮廓。

(3)激光切割一般采用激光切割机制备各类边缘轮廓和板内轮廓的钛合金、不锈钢、高温合金钢等平板零件及展开料等。

（4）冲裁、高压水切割和电火花线切割等也可用于平板零件的制备。

直升机铝合金平板零件的制造主要采用先进的数控铣切下料设备，如图2.29所示。因直升机铝合金板材普遍较薄，厚度一般为 0.2～2.0 mm，板材可叠放铣切，厚度为 0.2 mm、0.3 mm 的板材需要增加保护垫板再铣切。固定板材通常采用螺钉或夹块固定周边的方式置于设备的工作台上，而不是真空吸附。

图 2.29　数控铣切下料设备

2.3.3　弯边零件制造技术

2.3.3.1　框、梁零件的特点

框、梁零件是直升机机体结构的承力件，主承力件一般是机械加工零件，钣金零件一般为次承力件。通常，框、梁零件的主面（占总面积最大的面）为平面，四周具有弯边，一侧弯边与蒙皮贴合为气动外形面，如图 2.30 所示。通常，框、梁零件可能分布有减轻孔、通过孔、长桁缺口、下陷、加强窝和定位孔等。

图 2.30　框、梁零件示意图

由于直升机整体气动外形的需求不同，框、梁零件四周的弯边有不同的弯曲角度和高度；弯边轮廓有直线、凸弧线、凹弧线和曲线等。同一零件的弯边也会

因结构需求不同而有同向和反向的差异。

2.3.3.2 长桁、连接角材零件的特点

长桁、连接角材零件是直升机机体结构数量中占比最大的一类零件。长桁零件截面一般为"L"形、"Z"形、"乙"形,整体呈长条形,一侧弯边与蒙皮相贴合为气动外形面,其他边为加强边,如图 2.31 所示;连接角材零件截面一般为"L"形,两面分别与相邻的框、梁、蒙皮等铆接,起到连接作用,如图 2.32 所示。通常,长桁、连接角材零件可能分布有下陷、铆钉孔和定位孔等。

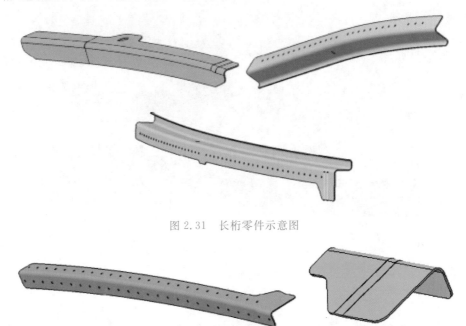

图 2.31   长桁零件示意图

图 2.32   连接角材零件示意图

由于直升机整体气动外形的需求不同,长桁、连接角材零件弯边有不同的弯曲角度和高度;弯边轮廓有直线、凸弧线、凹弧线和曲线等。

2.3.3.3 零件成形方法与设备

框肋零件通常采用刚性凸凹模冲压成形方法和橡皮成形方法。其中刚性凸凹模冲压成形仅适用于厚度较大和弯边较高的小尺寸零件;橡皮成形适用于大多数框、梁零件。

橡皮成形的工作原理如图 2.33 所示。采用充满橡胶垫的容框作为通用上模,当容框下压时,橡胶垫受压产生弹性流动,将置于下模上的毛料包覆在下模型面上压制成形零件。受压床吨位、台面等限制,传统橡皮成形的零件尺寸、效

率等不能满足生产需求,大多已被橡皮囊液压机床取代。

与橡皮成形机床不同,橡皮囊液压机床用橡皮囊代替橡皮垫,工作时向囊内充油加压成形,如图 2.34 所示。橡皮囊液压机床压力损失小,所需压力能够更快速地传递到零件,成形效果更佳,通用性更好,因此现代大型航空企业多应用橡皮囊液压机床。

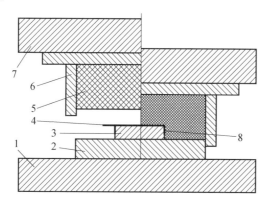

图 2.33　橡皮成形的工作原理示意图

1—压床下台面;2—工作台;3—下模;4—毛料;5—橡胶垫;6—容框;7—压床上台面;8—零件

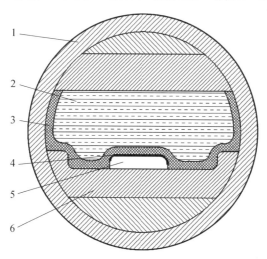

图 2.34　橡皮囊液压的工作原理

1—圆筒机身;2—高压液体;3—橡皮囊;4—零件;5—模体;6—工作台托盘

铝合金新淬火状态橡皮囊成形技术是采用橡皮囊液压机床进行精准成形的典型。新淬火状态成形利用硬铝合金淬火后在一定时间内仍然具有良好的塑性这一特点,在一定时间内完成零件的成形与校形。

2A12 铝合金新淬火状态橡皮囊成形的一般工艺流程如图 2.35 所示。

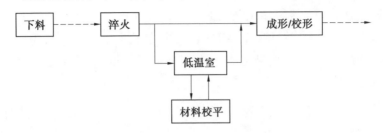

图 2.35　2A12 铝合金新淬火状态橡皮囊成形的一般工艺流程

铝合金板材下料后预先进行淬火处理,淬火处理后进入低温室冷藏,延长材料保持新淬火状态的时间,再对淬火变形的材料进行校平,校平后的材料再次进入低温室冷藏,延长材料保持新淬火状态的时间,应用橡皮囊液压机床成形零件并校形。

2.3.3.4　零件成形的工艺装备

采用橡皮囊液压成形的工艺装备通常称为型模。为符合直升机钣金零件铝、钢等材质,型模材料一般为铝、碳钢等金属材质,其结构相对简单,包含模体、压板和定位装置等,如图 2.36 所示。金属型模可以制造适应早期 AC332 直升机模拟量传递的外形样板、切面样板、硬模线,以及近年来 AC332 直升机数字量传递的数模,加之制造难度低、成本低,可适应人工、橡皮囊液压成形等多种工艺成形方式,因此其一直是简单形状板、梁等钣金零件制造的主要模具。

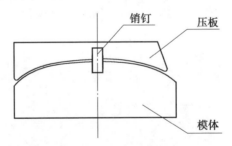

图 2.36　直升机金属型模典型结构

根据钣金零件的形状特点,其基本结构形式可灵活改变,如图 2.37 所示。有多种不同的压板形式和数量,而按照钣金零件成形设备及工艺要求,可选择间隙、过盈等定位销钉和配合关系,如图 2.38 所示。

由于直升机体积小、结构复杂,因此相对比例的钣金零件需要有加强窝、弯边减轻孔、加强槽、下陷等结构,则相应钣金工装上需要具备特殊结构成形和拉延筋的工艺结构,如图 2.39 所示。

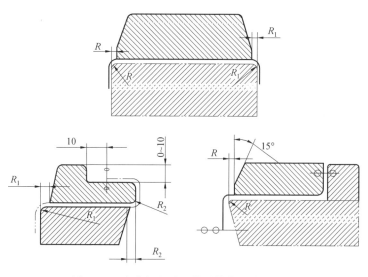

图 2.37　直升机金属型模的结构形式(mm)

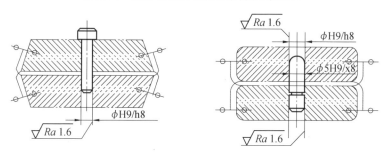

图 2.38　直升机金属型模定位形式

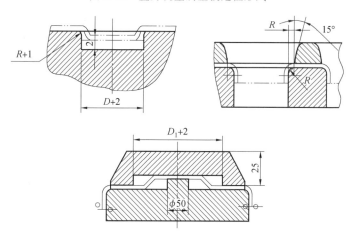

图 2.39　直升机金属型模工艺结构(mm)

与大型直升机等厚壁钣金零件不同,中小型直升机钣金零件厚度为 0.6～1.5 mm,其成形后回弹是影响产品贴胎度的主要因素,在模具设计过程中,可结合工艺经验及近年来发展的钣金零件成形工艺仿真技术,预先设置回弹补偿余量,保障薄壁钣金零件的成形质量,如图 2.40 所示。

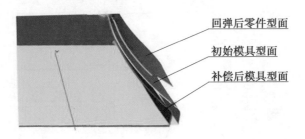

回弹后零件型面
初始模具型面
补偿后模具型面

图 2.40　直升机金属型模回弹补偿

2.3.4　型材零件制造技术

2.3.4.1　型材零件的特点

型材零件在直升机机体结构中占有一定的比例,多为长桁、框和框缘条等,如图 2.41 所示。按外形分类,型材零件可分为直线形、平面弯曲和空间弯曲。在制造过程中,通常还有型材截面角度改变、下陷和边缘加工等需求。

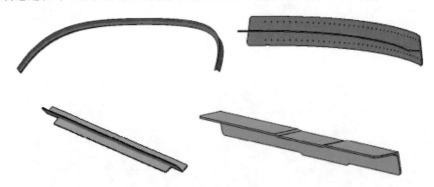

图 2.41　型材零件示意图

型材零件的毛料是通过挤压拉拔而成的等截面长条材料。直升机上采用的一般为"L"形、"T"形截面型材,也有"冂"形、"乙"形等异形截面型材。除少部分直线形型材零件仅需下料,大部分型材零件均需经过弯曲成形,还需经过校直、制孔、压下陷、更改截面角度、切外形等工序。

适用于型材零件的弯曲方法有模压、拉弯、滚弯和绕弯等,所用设备有冲床、液压机、拉弯机、滚弯机和绕弯机等。在弯曲过程中,最主要的问题是如何确定最小弯曲半径和弯曲的回弹值。过小的弯曲半径会导致型材零件出现畸变、撕裂等问题,回弹值准确度差导致零件性能差。

2.3.4.2 滚弯成形

滚弯是传统的弯曲工艺之一,最初用于制造各种圆筒和圆框零件,之后发展为制造变曲率的零件。从滚弯变形方式来看,滚弯属于自由弯曲,在直升机制造中常用来制造机身、尾梁连接框和加强缘条等结构零件。

滚弯时,型材毛料在滚轴的作用力和摩擦力下,向前推进并产生塑性弯曲,滚弯成形的曲率半径取决于滚轴之间的相对位置、型材截面尺寸和材料的机械性能等。

按滚轮的个数,常用的型材滚弯机可分为三轴滚弯机、四轴滚弯机和六轴滚弯机。

三轴滚弯机可分为对称三轴滚弯机、不对称三轴滚弯机。对称三轴滚弯机的滚轴排布与板材滚弯机类似;不对称三轴滚弯机采用不对称轴,其排布方式是将水平中心距离极小的一对上下滚轴作为原动轴,这种排布可大大增加滚轴所受的弯曲力,毛料在上下滚轮间得到可靠的夹持,送尽力足够,一次就可以滚弯出曲率半径较小的零件。

四轴滚弯机(滚轴部分)如图 2.42 所示,四轴滚弯机结合了对称三轴滚弯机与不对称三轴滚弯机的优点。

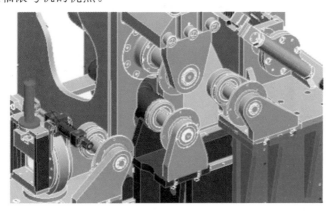

图 2.42 四轴滚弯机(滚轴部分)

滚弯的优点是通用性强,不需要专用模具,只需要通用的适合型材截面形状、尺寸的滚轮,因此生产准备周期短,常用于小批量生产。

数控四轴滚弯机如图 2.43 所示,通过数控系统实现编程、补偿等,并配有导向滚轮、扭转装置等,数控滚弯机克服了传统滚弯机需要反复滚试、生产效率低、易出现型材截面变形、腹板面失稳等缺点。

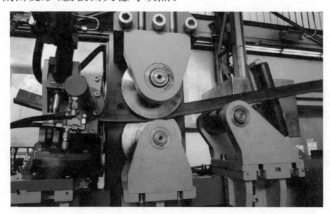

图 2.43　数控四轴滚弯机

在数控四轴滚弯机正面,滚轴的左右侧安装两个独立的导向滚轮支撑装置,目的是保障型材在滚弯的过程中避免扭转变形,特别是有角型材的非对称滚弯加工,同时该设备的导向滚轮系统可在二维成形加工时提供定位支撑功能。 如图 2.44 所示,数控四轴滚弯机还配有扭转装置,用于三维滚弯成形加工,满足型材在第三个方向上的连续滚弯和扭转成形加工。

图 2.44　数控四轴滚弯机的扭转装置

2.3.4.3　拉弯成形

模压和滚弯后的零件都有很大的回弹,根本原因是弯曲应力中存在弹性分量,卸载后弹性变形消除,零件外形产生回复性变化,弯曲半径越大,弯曲的弹性分量相对占比越大,卸载后零件外形回复性变化越大。直升机机身结构零件的型材长桁、框和框缘条等具有较大的相对曲率半径,并且外形准确度要求较高,这类零件采用普通方法弯曲较难达到要求,需要采用功能精准的弯曲方法,因此拉弯成形方法应运而生。

拉弯成形原理是在毛料弯曲的同时加以切向拉应力,改变毛料剖面内的应力分布状态。拉弯成形适用于成形尺寸和曲率半径都较大的型材零件,以单平面曲率为宜。

拉弯成形的优点有:①回弹小;②防止型材内边起皱;③提高零件抗拉强度;④半模成形,模具承压不高。拉弯成形的缺点有:①零件形状受限;②材料利用率低;③需要专用机床。

拉弯成形专用设备为拉弯机,如图 2.45 所示。拉弯过程与毛料拉形过程类似。

图 2.45　拉弯机

2.3.5　钛合金零件制造技术

2.3.5.1　钛合金零件的特点

直升机上的钛合金零件作为发动机舱防火墙的主要组成部分,如图 2.46 所示,起到发动机舱隔热的作用。钛合金零件有平板零件、弯曲零件和弯边零件等,除平板零件和大弯曲半径的直线弯曲零件外,钛合金零件均需加热成形。

1.钛合金的物理性能

(1)密度小,约为 4.5 g/cm³,比钢轻 41%,比铝重 60%。

(2)熔点高,为 1 660～1 725 ℃。

(3)弹性模量 E 低,约为钢弹性模量的一半。

(4)线膨胀系数小,约为铁和碳钢线膨胀系数的 75%。

(5)热导率低,约为碳钢热导率的 16.67%、铝热导率的 6.25%,与不锈钢热

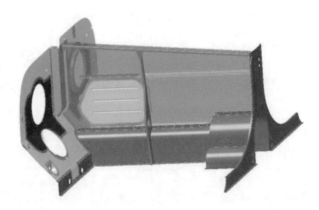

图 2.46　直升机发动机舱防火墙示意图

导率相当。

（6）电阻大。钛合金电导率约为铜电导率的 3%，与不锈钢电导率相当。

（7）非磁性。

（8）抗摩擦性差。

2.钛合金的化学性能

钛合金中最常见的杂质是氧、氮、碳和氢，这些杂质使钛合金变脆和加工困难。氢含量对钛合金的脆性影响极大，如果氢的质量分数超过 0.015%，钛合金的塑性和冲击韧性将明显下降，会在加工、存储和使用中出现裂纹，尤其是在有应力集中的零件和在低温下使用时表现最明显。钛在高温下与氧结合形成间隙固溶体和富氧层，使材料强化，塑性下降。钛在高温下与其他金属的亲和力强，在一定条件下钛与铝、铜、锌、锡、镉、铋等软金属接触会产生低熔点化合物，使钛材腐蚀、变脆而导致裂纹。

3.钛合金的塑性成形性能

（1）屈服强度较高，所需成形力较大。抗拉强度（R_m）和屈服极限（规定塑性延伸强度 $R_{p0.2}$）之间差值很小，退火状态下 $R_{p0.2}/R_m = 0.8 \sim 0.95$ MPa，室温下塑性变形范围很小。

（2）均匀延伸率和均匀断面收缩率均很低，不利于钣金冲压成形。屈服强度和弹性模量比较高，成形时回弹大且不均匀。

（3）受压失稳倾向大，易起皱，冷作硬化倾向大，成形时需要考虑工序间的退火和最终消除应力。

（4）对缺口和表面缺陷较敏感，应注意防止材料的划伤等，毛料和零件边缘应去毛刺并修光。

（5）对变形速度敏感，复杂成形工序宜用低变形速度。

(6)板材的各向异性和较宽的厚度公差使工艺参数波动。

(7)润滑不良常产生冷焊、黏结现象,造成零件和模具擦伤。

(8)平行纤维方向的弯曲性能(弯折线与纤维方向平行)一般比垂直纤维方向的弯曲性能(弯折线与纤维方向垂直)好。

(9)温度升高,钛合金的强度下降,塑性增高,如 TA2、TC4 等部分钛合金在 285～455 ℃下呈现低塑性,高于 500 ℃时钛合金的塑性明显增高。在加热状态下,钛合金可以有较大程度的变形,并且回弹减少。

(10)在温度低于 700 ℃时的一次短时加热中,板材表面只轻微氧化,实际上对板材冲压性无影响。在无表面保护的情况下,加热温度高于 750 ℃及在此温度下保温时间超过 30 min 后,板材的冲压性能由于在毛料表面上形成脆性层(气体污染层)而破坏。

2.3.5.2　钛合金热成形

钛在室温下的塑性变形能力很差,即延伸率小,弹性模量小。钛合金属于难成形材料,因此出现热成形的概念。

热成形就是利用金属热软化的性质,降低毛料的变形抗力,增加毛料在成形中所能达到的变形程度,减少弹性回弹,提高零件的成形准确度。

钛合金热成形主要有以下方法。

(1)预成形后热校形。在室温或加热条件下预成形后,在较高温度下进行第二次成形或热校形。

(2)一次成形。将材料加热到适宜的温度,在加热状态下一次成形兼校形。

(3)蠕变成形。在热成形机或在自身可加热的模具中,加一定的载荷(也可用抽真空或充气的方法),使毛料在模具内按规定温度和时间蠕变成形。

直升机钛合金零件成形多采用一次成形的方法,应用专用的等温加热成形设备。根据钛合金板材的牌号、厚度,所选热成形设备和产品技术要求选择工艺参数,钛合金热成形工艺参数主要包括温度、压力和时间。

(1)热成形温度取决于材料牌号、加热方法、零件的几何尺寸和复杂程度等。钛合金塑性指标并不是随着温度升高而简单地增长,在某个温度范围内(热脆区)塑性指标反而降低,在选择热成形温度时应避开热脆区。热成形温度宜控制在 500～850 ℃,在获得良好零件的前提下加热温度宜取低值。常用钛合金热成形加热温度范围见表 2.2。

表 2.2　常用钛合金热成形加热温度范围

材料牌号	最高名义加热温度/℃		推荐加热温度/℃
	加热炉内		
	空气介质	保护性介质	
TA1/TA2	600	650	500～600
TC1	750	800	550～750
TC2	750	800	650～750
TC4	800	850	700～800

（2）热成形压力可依据极限状态法进行计算，在保证模具准确偶合的前提下尽量采用小的压力，通常热成形压力区间为 0.6～3 MPa。

（3）热成形时间的选取视零件的材料牌号、厚度和复杂程度而定。在满足高质量零件成形的前提下，选择的时间应尽量短。常用钛合金加热成形时间见表2.3。

表 2.3　常用钛合金加热成形时间

材料牌号	材料厚度/mm	预热时间/min	成形保温时间/min	480 ℃以上最长累计时间/h
TA2	0.3～1.5	2～3	5～30	10
TC1	0.3～1.5	2～3	5～30	10
TC4 退火	0.6～5.0	4～8	5～30	20

2.3.5.3　钛合金热成形设备和模具

现代较先进的钛合金热成形设备主要为电炉式液压床，以达到等温热成形的需求。电炉式液压床具有检测、记录和控制加热温度的控制系统，炉温均匀性控制在±25 ℃等。

热成形模具材料在使用温度下应具有高的抗氧化性、热强度、抗高温生长性、抗热冲击性、良好的机械加工性，易于获得且低成本。模具附件的材料性能在高温下不应低于模具的基本材料，常用热成形模具材料及性能见表2.4。

表 2.4　常用热成形模具材料及性能

模具材料	使用温度/℃	抗氧化性	热强度	加工性
不锈钢	<700	好	差	较差
耐热铸铁	<750	较好	可	较好
耐热钢	<850	好	好	较差

结构上，热成形模具一般不考虑零件的回弹，如果形状或容差允许，模具可按实际尺寸制造，但对某些具有关键结构尺寸的零件必须考虑钛合金与模具材料由热膨胀系数不同而造成的误差，应加入缩放系数来加工模具以保证热校形后的零件符合工程图样要求。缩放系数主要与零件和模具材料的热膨胀系数、成形温度和常温温差有关。

钛合金热成形模具典型结构如图 2.47 所示。A 型由上模、下模、导向元件和定位销（工具销）组成，适用于简单弯曲类零件，"V"形、"U"形零件；B 型由上模、下模、导向元件、顶件板、定位销和卸料螺钉组成，适用于零件成形后不易取件或调整冲压方向后弯边角度不小于 90° 的翻边类零件；C 型由凸模、凹模、导向元件、压边圈、定位销、顶杆座和卸料螺钉组成，适用于盒形、圆形封闭弯边零件的引伸成形。

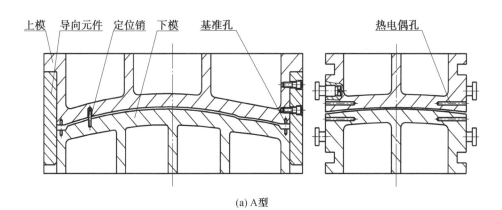

上模　导向元件　定位销　下模　基准孔　　　　热电偶孔

(a) A 型

图 2.47　钛合金热成形模具典型结构

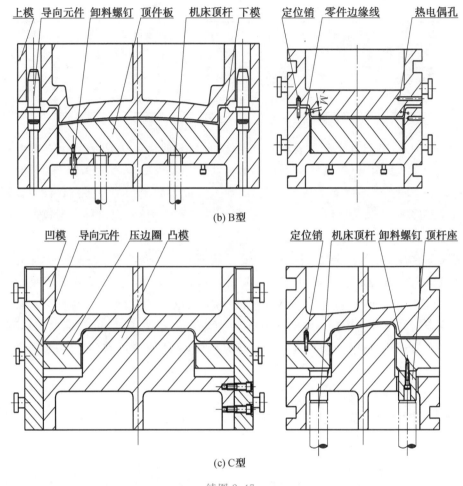

续图 2.47

2.3.6　油箱、支座零件制造技术

2.3.6.1　零件特点

油箱、支座零件如图 2.48 所示,主要为油箱桶壁、各类天线支座等。

1.结构特点

油箱主要由油箱桶壁、上下底座及内部隔断和管路等焊接而成,其中上下底座为较规则的回旋体。

支座零件有规则的圆盘形,也有不规则的形状,如底面非圆形、侧壁不等高等。

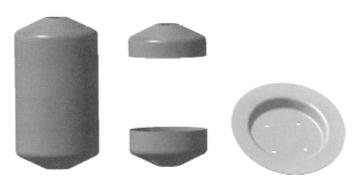

图 2.48　油箱、支座零件

2.材料特点

油箱桶壁、支座零件一般由铝合金薄板成形制造。

2.3.6.2　零件成形

零件一般采用引伸(也称为压延、拉深)成形,引伸是指在凸模压力的作用下,将平板毛料强制拉入凹模而形成周围封闭的空心零件。大部分零件的变形性质是靠毛坯外缘材料的收缩流动而形成立体空心零件,如成形筒形件、盒形件等。

引伸成形应遵循的基本要求如下。

(1)铝合金零件应在退火状态下成形,二次引伸必须进行工序间退火。

(2)筒形件根据 h/d(筒深/筒径)比值,选择引伸次数,$h/d<0.7$ 选择一次引伸,$0.7 \leqslant h/d<1.5$ 选择二次引伸,$1.5 \leqslant h/d<3$ 选择三次引伸,$3 \leqslant h/d<4.7$ 选择四次引伸。

(3)盒形件的引伸次数参考筒形件 h/d(筒深/筒径),直边忽略,筒径 $d =$ 盒拐角半径 $r \times 2$。

(4)当引伸成形毛料的变薄量大于 30% 时,应增加引伸次数,或采用其他改进工艺。

(5)新制引伸模应试冲,按引伸模模具图给出的展开料尺寸制备毛坯,试冲调整展开料尺寸、模具间隙、压边圈和冲压参数等。

(6)每次重新装夹模具后,应先用同规格的试片调试模具。

(7)润滑。

2.3.6.3　成形设备

引伸成形是冲压成形的一种,因此采用冲压设备。按传动方式不同,冲压设备主要分为机械压力机和液压机两类。

（1）机械压力机最常用的是曲柄压力机，一般称为冲床，曲柄压力机分为开式和闭式两种。开式压力机机床三面开敞，操作和安装模具较方便，也便于送料，但机床刚度较差。闭式压力机机床两侧封闭，只能前后送料，操作不如开式压力机方便，但机床刚度大，能承受较大的冲压力。

（2）液压机是利用液体的静压力传递原理，以水或油作为工作介质，使工作横梁上下往复运动的成形机械。与曲柄压力机相比，液压机靠静压力使零件变形，具有大压力、大工作行程、大工作空间的优点，而且调速和调压方便。

2.4　直升机管零件的制造技术

2.4.1　导管零件制造技术

2.4.1.1　零件特点

导管零件如图 2.49 所示，主要为燃油、液压等系统导管。

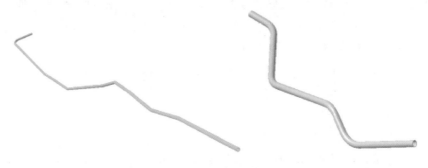

图 2.49　导管零件

1.结构特点

导管零件主要为线性的多弯曲管路，零件管端有扩口、波纹和无扩口镶装等结构。

2.材料特点

直升机导管零件材料一般为铝合金、不锈钢的薄壁管材。

2.4.1.2　弯曲成形

导管的弯曲通常采用绕弯成形，是指管子被夹紧在弯管模上，并与弯管模一起转动，当管子被拉过压块时，压块将管子绕弯在弯管模上，使管子弯曲成与弯管模一致的弯曲外形。

导管的弯曲成形一般采用较先进的数控弯管机,如图 2.50 所示,数据弯管机对管材的进给、弯曲角度等进行准确的数字化控制。

图 2.50　数控弯管机

2.4.1.3　扩口

扩口是导管端头连接的前置工序,为了保证薄壁导管的密封和刚性连接,将管端做成喇叭口,如图 2.51 所示。

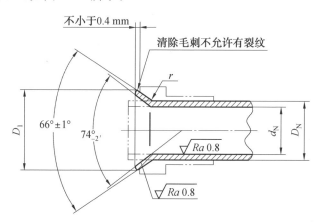

图 2.51　扩口示意图

扩口需要采用专用的管端成形机,应用旋压的原理来扩口。

2.4.1.4　波纹成形

波纹成形是指管端成形出波纹状结构。一般与软管连接的管端头需加工出波纹结构,如图 2.52 所示。

波纹成形需要采用专用的管端成形机,应用旋压的原理来扩口。

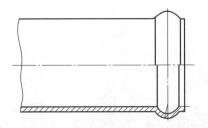

图 2.52　波纹结构示意图

2.4.1.5　无扩口镶装

无扩口镶装是在导管端头镶装连接管套的成形方法,分为挤压式和滚压式两种。

低压力需求的管路一般采用挤压式,其采用凸头拉杆拉挤专用胶套,使胶套在管内胀形,从而对管壁施力,使其产生变形直至与连接管套的内壁凹槽贴合,如图 2.53 所示。

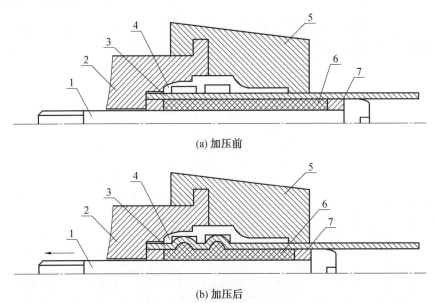

(a) 加压前

(b) 加压后

图 2.53　挤压式无扩口镶装

1—拉杆;2—模座;3—导管;4—管套;5—夹紧模;6—胶套;7—密封环

高压力需求的管路一般为高强度的钛合金材料,需要较大的成形力,采用滚压式无扩口镶装,其应用旋压的原理,利用管内芯棒滚压,芯棒强度需求很高。

2.4.2　异形管零件制造技术

2.4.2.1　零件特点

异形管零件如图 2.54 所示,主要是发动机排气管延长段、进气道等。

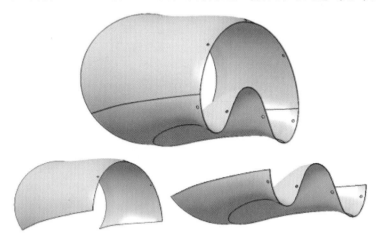

图 2.54　异形管零件

1. 结构特点

以发动机排气管延长段为例,其外形为有气动需求的不规则管体,传统制造方法为分体式的落压成形。由于落压成形具有安全风险大、模具含铅和成形质量差等缺点,因此被直升机制造所淘汰,目前采用引伸、液压胀形等方法成形。

2. 材料特点

进气道、排气管零件一般由不锈钢、耐高温合金钢薄板成形制造。

2.4.2.2　零件成形

半管零件的成形可采用引伸成形,其与一般筒形件、盒形件的成形稍有差别。半管零件外廓尺寸相对较大,模具尺寸大,成形力需求大,需要大型液压机床。模具还需要考虑压延梗的设计,以调节毛料流动进给的均匀性。

异形管零件整体成形可采用液压胀形。液压胀形是一种以液体为传力介质,利用液体压力和轴向推力的共同作用使管坯变形成具有三维形状的零件的柔性加工技术,由于管材液压胀形的成形压力高,又称为内高压成形。它可以一次成形出截面形状沿轴线变化的复杂零件,对于轴线为曲线的零件,应先对零件进行预成形,加工成近似的形状后再进行液压胀形。

如图 2.55 所示,将液体介质充入金属管材毛坯的内部,产生超高压,由轴向冲头对管材毛坯的两端进行密封,并且施加轴向推力进行材料进给,两者配合作用使管材毛坯产生塑性变形,最终与模具型腔内壁贴合,得到形状与精度均符合技术要求的中空零件。

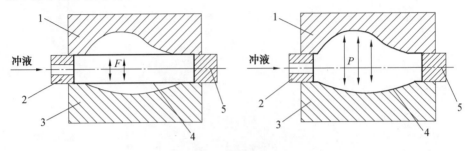

图 2.55 液压胀形示意图

1—上模;2—有充液管口的冲头;3—下模;4—坯料;5—冲头

2.5 直升机钣金零件制造新技术

2.5.1 钛合金超塑成形

金属超塑性在工程上的定义是,凡金属材料在特定的内在条件(材料成分、组织及相变能力等)和外在条件(温度、加热方式、压力及应变速率等)下,呈现无缩颈和异常高的延伸率(δ)的特性,$\delta > 100\%$ 的变形称为超塑性变形,该材料称为超塑性材料,利用这种特性成形零件的方法称为超塑成形。

钛合金超塑成形通常指板材的气胀成形,超塑成形的应用可有效降低零件整体质量,使复杂薄壁零件整体化,缩短制造周期,提高零件整体性能。典型的超塑成形零件结构如图2.56所示,一般有大深径比(h/D)的钛合金平底筒形件、盒形件、锥形件、球形件等。

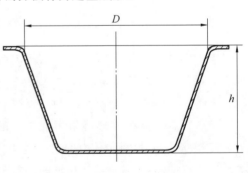

图 2.56 典型的超塑成形零件结构

超塑成形工艺复杂,在成形过程中需要同时控制多个重要变量,如坯料的成形温度、应力应变速率和夹具的移动(方向和速度)等,需要用专用的超塑成形机来均匀地加热模具和坯料,准确地控制气压和动模的下压速度等,超塑成形机的吨位与其成形零件的尺寸、材料厚度和流动应力等因素相关。其工艺参数主要包括温度、压力和时间,参数选取原则:①超塑成形温度通常不小于 $0.5T_{\mathrm{m}}$(T_{m} 为金属熔化温度);②超塑成形应变速率比常规塑性变形应变速率低得多,根据不同材料的 $\varepsilon-m-\sigma$ 曲线,确定材料应变速率选取范围,如 TC4、TA15 板材超塑成形工艺参数见表 2.5。

表 2.5　TC4、TA15 板材超塑成形工艺参数

材料牌号	成形温度 范围/℃	最佳成形 温度/℃	应变速率 范围/s^{-1}	最佳应变 速率/s^{-1}
TC4	880~930	910	$5\times10^{-4}\sim5\times10^{-3}$	5×10^{-4}
TA15	910~950	930	$5\times10^{-4}\sim5\times10^{-3}$	5×10^{-4}

超塑成形工艺要求超塑性板材在高温条件下承受较大的压力载荷、经历反复的热循环,因此对超塑模具的综合性能要求较高。以超塑气压成形模具为例,确保模具气密性的同时,应具有良好的热态刚度、传热效果和温均性,因此超塑模具材料以不锈钢和中硅钼球墨铸铁等具有良好抗氧化性、热强度、热硬度和热稳定性的材料为主,并根据零件和工装材料进行热膨胀差值修正,一般采用上、下模对合结构,导向装置定位,模具上设有进气道、排气道和密封梗、测温热电偶等,超塑气压成形模具典型结构如图 2.57 所示。

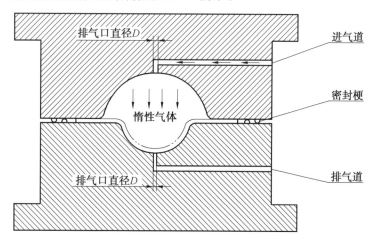

图 2.57　超塑气压成形模具典型结构

2.5.2 蠕变成形

蠕变是指金属在恒定压力下(除瞬时变形外)随着时间的增长而发生缓慢、持续的变形。蠕变的机理是晶内滑移、亚晶形成和晶界变形。随着温度升高,位错攀移、空位定向扩散、压晶长大和晶界滑动等都加快进行,而晶格畸变则减小,导致蠕变现象越来越显著。蠕变使材料承受载荷的能力大大降低,而塑性变形的能力则显著提高,这对钣金成形极为有利。蠕变曲线的形式与应力大小和温度高低有关,温度高、时间长和应力低是蠕变成形的特征,也是蠕变成形的条件。

铝合金蠕变成形过程结合了铝合金时效强化作用和金属蠕变性能,蠕变成形是利用金属的蠕变特性将人工时效与成形同步进行的一种成形方法,达到成形目标的同时获得材料热处理后的性能提升。相比于传统塑性成形,蠕变成形可加工具有复杂曲面的零件,不仅提高了材料性能,而且满足成形精度、工艺可重复性高的要求。

蠕变成形适用于常规条件下无法有效避免回弹、低塑性、高强度的材料,如超硬铝合金(如 7075)的整体壁板成形和框、梁等的校形。

2.5.3 铝合金深冷成形

通常情况下,钢铁等金属材料深冷后出现冷脆,并且金属材料具有强度与塑性倒置的关系,即强度高,则塑性低,强度低,则塑性高,但铝合金在超低温条件下强度与塑性同时增加,具有反常的塑性与硬化同时提高的双增效应。在液氮温度(-196 ℃)条件下,铝合金延伸率和硬化指数较常温条件下提高 1 倍左右。

铝合金深冷成形双增效应的特点,为成形与强度双向需求的零件提供了成形途径。

2.5.4 电磁成形

电磁成形又称为磁脉冲成形或电磁脉冲成形,是利用磁场力对金属坯料进行高速率、高能率塑性加工的方法。与常规成形相比,电磁成形有瞬时、高速、高功率和低能量等诸多优点,为高强度、难成形材料开辟了新的加工途径,可用于航空、航大、汽车、电子等领域内板材和管形构件的成形、校形及连接等。

电磁成形是一种利用电磁力使金属材料变形的加工方法,其原理是利用电磁感应原理,通过电磁感应产生的涡流和磁力线使导体受到磁力的作用,从而实现金属材料的成形。

电磁成形的特点如下。

(1)大幅提高材料的成形极限。

(2)单模成形,简化了模具制造,同一感应线圈可以进行多种加工,加工柔性高。

(3)高速非接触成形,成形精度高,残余应力小,回弹小。

(4)加工成本低廉。加工速度快,操作成本低,单件能耗低,设备维护成本低。

(5)可进行高度重复加工,零件稳定性好。

(6)可以实现能量控制和生产自动化、机械化。

第 3 章

直升机零件机械加工制造技术

3.1 概　　述

直升机零件机械加工是直升机制造技术的重要组成部分。我国直升机零件传统机械加工工艺制造技术经过几十年的发展,随着技术不断的研发积累和先进数控加工设备的引进,在单机数控化应用水平上基本达到国内外先进水平。随着先进超声、电解复合等加工技术的发展应用,智能制造技术的兴起和传统制造业数字智能化转型升级的推进,机械加工领域向着全数字化、高效化、柔性化、智能化、信息化和集成化等方向不断发展,直升机零件机械加工制造技术水平也得到显著提升。

3.1.1 直升机零件机械加工制造技术的重要性

在直升机机体零件中,机械加工零件一直占比很大。随着军用、民用领域对直升机需求的增长,以及直升机型号新品研制周期越来越短,对直升机制造企业快速研制零件和保障批量生产能力的要求越来越高,由于机械加工零件呈现出更多的整体化设计趋势且大量采用钛合金及高温合金等难加工材料,因此对机械加工工艺水平的要求越来越高。机械加工制造技术能力和水平在一定程度上决定直升机型号的研制生产能力,因此只有不断地寻求新的机械加工工艺及先进的机械加工设备和技术,才能适应直升机机械加工零件多品种、中小批量的生产模式,以及高效率、高质量、高精度的科研生产需求。

3.1.2　直升机零件机械加工工艺的特点

与一般制造业的机械加工工艺相比,直升机零件机械加工工艺在结构、材料和精度、生产组织模式等方面具有一定的特殊性,本节对其特点进行介绍。

(1)直升机机械加工工艺种类较齐全,技术较先进。

在直升机零件机械加工工艺中,主要应用的技术包括铣削、钻削、车削、车铣复合、镗削和磨削等加工工艺。各类数控加工设备在直升机零件机械加工中得到普遍应用,直升机零件的数控化率较高。

直升机零件机械加工领域目前已实现了全数字化的工艺设计,包括采用CAPP 工艺设计软件进行数控工艺设计、采用 CAM 编程软件进行数控编程和采用仿真软件进行加工过程仿真等,工艺设计的效率、质量和水平较高。

(2)直升机零件机械加工种类繁多,结构复杂,并且多为小批量生产。

机械加工零件是直升机机体骨架和气动外形的重要组成部分,其种类繁多、结构复杂、选材各异,如壁板、梁、框、接头等是由构成直升机气动外形的流线型曲面、各种异形切面、结合槽口及交点孔组合而成的复杂组合体,不仅形位精度要求高,而且有严格的质量控制要求。另外,框、梁和接头等零件结构设计趋于复杂化和整体化,并且很多零件薄壁、多腔,加工工艺性差,加工工艺难度大,加工工序多,对加工工艺和检验方法提出了更高的要求。

(3)机械加工结构件大多材料去除率大,对零件高效加工技术要求高。

大多数机械加工结构件是薄壁化设计,零件净重占毛坯总重比值小,材料去除率大,有的材料去除率达到 95% 以上;零件加工周期长,这类零件对高效加工技术应用需求迫切。一些大型结构件价值高、原材料成本高,加工周期长,加工工艺过程不稳定导致质量成本风险高。另外,薄壁零件加工过程中变形控制困难,也是机械加工工艺长期存在的难题。

(4)旋翼系统动部件难加工,材料用量多,加工难度大。

旋翼系统动部件是直升机特有的结构部件,其加工工艺技术具有自身特点。例如,动部件的加工精度要求一般较高,高强度钢、钛合金和铝基复合材料等难加工材料选用较多,关重件特性多,大多有寿命控制要求,对加工工艺过程控制要求严格。

3.1.3　直升机机械加工零件金属材料类型和切削加工工艺性

直升机机械加工零件常用的金属材料有高强度钢、不锈钢、钛合金、铝合金和铝基复合材料等,铝合金是应用最广泛的金属材料。按切削性能来说,铝合金切削工艺性能最佳,其次分别为铝基复合材料、钛合金、不锈钢,高强度钢切削工艺性能最差。

3.1.3.1　高强度钢

高强度钢是直升机机械加工零件(如机体承力框、梁和滑轨等)常用的材料。

3.1.3.2　不锈钢

不锈钢主要用于承力梁、连接螺栓和桨叶包铁等需要一定强度和耐腐蚀性能的零件。

3.1.3.3　钛合金

钛合金被用于直升机机体部分(如框、梁、肋、接头等结构件)和旋翼系统桨毂、叉形件、起落架零件。

3.1.3.4　铝合金

铝合金广泛应用于直升机框、梁、肋和接头等结构零件。

3.1.3.5　铝基复合材料

碳化硅颗粒增强铝基复合材料主要用于直升机旋翼系统桨毂夹板及袖套等特殊应用需求的机械加工零件。

3.1.4　直升机机械加工零件的分类及主要采用的加工方法

按直升机机械加工零件的结构和工艺特点,可将其分为七类,包括整体结构件、旋翼系统、起落架和作动筒、机体接头类零件、机体缘条/型材类零件、操纵系统摇臂/支座/管类零件、开关/活门壳体类零件,见表3.1。

表 3.1　直升机机械加工零件分类

序号	类别	主要结构特点	主要材料	主要加工方法
1	整体结构件	气动外形、内槽	预拉伸铝合金板材	三轴、五轴大型数控铣削
2	旋翼系统	盘形、带叉耳接头	钛合金、铝基复合材料	数控车削、铣削、镗削、铰削
3	起落架和作动筒	筒形、深孔、带叉耳接头	铝合金、高强度钢	数控车削、铣削、铰孔、镗、研磨、珩磨
4	机体接头类零件	叉耳形、平板形、盒形等	合金钢、铝合金	数控铣削、钻削

续表 3.1

序号	类别	主要结构特点	主要材料	主要加工方法
5	机体缘条/型材类零件	细长、带变斜角、截面形状多种	合金钢、铝合金	三轴、五轴数控铣削
6	操纵系统摇臂/支座/管类零件	带叉耳、带轴承孔、单壁、双壁等	合金钢、铝合金	数控铣削、钻削、镗削、磨削
7	开关/活门壳体类零件	直通、弯头、三通、四通	合金钢、铝合金	数控车削、钻削、铣削

3.1.5　直升机零件机械加工、切削加工主要数控设备类型

在直升机零件机械加工中,主要用到的设备包括普通车床、数控车床、普通铣床、数控铣床、车铣复合机床、数控镗铣床、内圆磨床、外圆磨床、万能磨床、平面磨床和线切割机床等。随着数控技术的普及应用,目前数控机床已基本替代传统的机械加工设备,这些设备可以完成直升机机械加工零件的铣削、钻削、车削、车铣复合、镗削和磨削等高精度加工制造。本节介绍几种用于直升机零件加工的典型数控设备类型。

3.1.5.1　三轴、五轴数控加工中心

三轴、五轴数控加工中心是机械加工中应用最普遍的数控设备,能够完成常规的铣削、钻削、铰削和镗削等加工。铝合金材料主要采用轻型、高速的数控加工中心,并根据零件的加工尺寸和结构复杂程度选择数控设备的规格尺寸和旋转轴数。对于钛合金、高温合金、高强度钢等难加工材料,主要采用重切削的高扭矩、强力数控加工中心,同样需要根据零件的加工尺寸和结构复杂程度选择数控设备的规格尺寸和旋转轴数。数控加工中心结构类型主要有高架桥式三轴、五轴数控加工中心,龙门式三轴、五轴数控加工中心,双工作台卧式三轴、五轴加工中心,三轴、五轴摇篮式小型加工中心等。在高速加工中数控加工中心主轴转速达到 24 000 r/min 以上。随着柔性、智能生产线技术的发展,直升机机械加工领域已逐步由单机械加工模式向柔性化、智能化生产线集成制造模式转变,数控加工设备向具有一定柔性化、智能化、集成化的数控加工单元,数字化、智能化加工车间等方向转变,如图 3.1、图 3.2 所示。

(a) HAAS三轴数控加工中心   (b) HERMLE五轴数控加工中心

图 3.1　典型小型数控加工中心

(a) 海德曼五轴卧式数控加工中心   (b) 柔性化、智能化生产线

图 3.2　高效数控加工系统

3.1.5.2　车削/车铣/铣车复合数控加工中心

数控车床是机械加工广泛使用的数控加工设备，数控车床的种类有立式车床、卧式车床等，主要用于加工直升机零件中桨毂中央件、叉形件、桨叶销轴类和盘类等回转体零件。对于旋翼系统桨毂中央件、自动倾斜器动定盘、球铰球座和摇臂等零件，精度要求高，形状复杂，需要车削、铣削、钻削、镗削和铰削等多种加工方式，为减少更换加工设备重新定位带来的加工误差，此类零件多采用车铣复合数控加工中心进行加工，图 3.3 所示为典型车削及车铣复合加工设备。

(a) 普通车床

(b) 卧式车削数控加工中心

(c) 立式车削数控加工中心

(d) WFL MILLTURN车铣复合数控加工中心

图 3.3　典型车削及车铣复合加工设备

3.1.5.3　高精度镗铣数控机床

高精度镗铣数控机床适用于直升机单件、小批量生产零件加工,通常镗孔精度可达到 IT9～IT7,表面粗糙度可达到1.6～0.8 μm,精密镗削加工精度可达到 IT7～IT6,孔距精度可达到 0.02～0.05 mm。在直升机制造领域,高精度镗铣数控机床主要用于孔系及装配面形位公差精度要求较高的主桨毂上下夹板、主桨叶根部安转孔、主减速器平台等零部件加工,图 3.4 所示为典型高精度镗铣数控机床。

(a)SIP5000/7高精度镗铣数控机床

(b) MIKROMAT20V5D数控镗铣中心

图 3.4　典型高精度镗铣数控机床

3.1.5.4 磨削设备

在直升机高精度机械加工零件制造过程中,经常采用磨削和珩磨工艺,主要磨削方法有外圆磨削、内孔磨削和平面磨削等,磨削设备主要有各类磨床、珩磨机,主要磨削对象是精度高回转体零件,如起落架主起内外筒、前起旋转筒等。本节介绍几种典型的针对机械加工产品的磨削设备机。

1. 外圆磨床

外圆磨床适用于磨削圆柱形、圆锥形的外圆和内孔,也可磨削轴向端面,具有刚性强、精度高和磨削效率高等特点。在零件机械加工过程中,主要用于直升机主起落架内筒和前起落架旋转筒等零件的外圆磨削。图3.5所示为典型外圆磨床设备。

(a) MM1332B外圆磨床

(b) M1450B万能外圆磨床

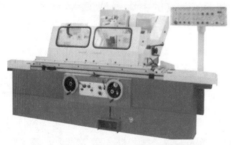

(c) MB1332B半自动外圆磨床

(d) MK1320C数控外圆磨床

图3.5 典型外圆磨床设备

2. 内孔磨床

内孔磨床主要用于磨削轴类、套类零件的内孔、台阶孔和端面圆柱形、圆锥形或其他形状素线展成的内孔表面及其端面,适用于套圈类、轴类零件的内孔(含锥孔、通孔或不通孔)磨削。在零件机械加工过程中,内孔磨床主要用于直升机主起落架内筒和前起落架旋转筒等零件的内孔磨削。

珩磨机用于珩磨零件内孔,适用于加工缸套孔、液压缸孔及其他精密的通孔或不通孔,通常孔经过珩削后可获得 $Ra<0.1\ \mu m$ 的表面粗糙度,尺寸精密度不低于 7 级,利用短行程可以修整加工零件孔的锥度,珩磨的零件材料可以是铸铁或钢。在零件机械加工过程中,珩磨机主要用于直升机主起落架内筒孔的珩磨加工。图 3.6 所示为典型内孔磨床。

(a) MK2620内孔磨床　　　　　(b) MB4220X100立式珩磨机

图 3.6　典型内孔磨床

3.平面磨床

平面磨床是以砂轮的周边来磨削零件平面的机床,也可以用砂轮的端面来磨削零件的垂直平面,磨削精度和光洁度较高,适宜于磨削各种精密零件。按零件的不同,磨削时可将其吸牢在电磁吸盘上,或者将其直接固定在工作台面上,也可用其他类型的夹具夹持。在零件机械加工过程中,平面磨床主要用于直升机高强度钢类零件及表面粗糙度要求高的平面磨削。

3.1.5.5　数控线切割加工机床

数控线切割加工机床是用连续移动的细金属丝作为电极,通过数控系统控制预定的走刀轨迹,对零件进行脉冲火花放电,产生高温烧蚀切割金属零件,完成特定形状轮廓和孔的加工的设备。数控线切割加工机床可以完成平面轮廓、孔、柱体和锥体等特征的加工。在直升机制造领域,数控线切割加工机床主要用于直升机钢等高硬度及常规加工方式无法加工的细孔、直角轮廓等特征的金属材料零件的加工。图 3.7 所示为典型数控线切割加工机床。

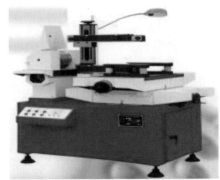

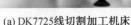

(a) DK7725线切割加工机床　　　　　(b) BM800D线切割加工机床

图 3.7　典型数控线切割加工机床

3.2　直升机零件车削加工技术

车削加工是机械加工中的传统制造技术。车削加工是指在车床上,通过主轴带动零件旋转的同时,刀具在零件轴线的平面内按一定的轨迹运动,逐渐去除零件材料,获得所需形状、尺寸和表面粗糙度的工艺过程,还可用钻头、扩孔钻、绞刀、丝锥、板牙和滚花等工具进行相应的加工。车床主要用于加工轴、盘、套和其他具有回转特征的零件,是直升机修理和研制生产过程中零件机械加工常用的设备。

3.2.1　车削材料类型

在直升机中,采用车削加工的零件材料主要包括铝合金、高强度钢、钛合金、玻璃纤维/碳纤维增强复合材料等。

3.2.2　车削零件类型及车削方式

具有回转特征的直升机零件普遍采用车削工艺或与铣削、磨削等加工工艺结合使用。车削加工工艺可应用于以下机械加工零件类型。

(1)轴类零件。

如球形联轴节、销轴、机轮轴和半轮轴等轴类零件如图 3.8 所示。

图 3.8　直升机典型轴类零件

（2）盘类零件。

如旋转盘、法兰盘、嵌入件、球铰球座和桨毂中央件等盘类零件如图 3.9 所示。

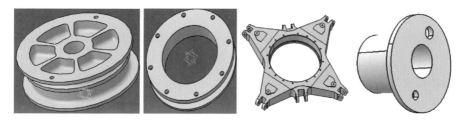

图 3.9　直升机典型盘类零件

（3）套类零件。

如衬套、滚套、弹簧套、隔套、螺母和收口套等套类零件如图 3.10 所示。

图 3.10　直升机典型套类零件

（4）其他具有回转表面的零件。

如销类、螺栓类及带有回转结构的接头、臂类、管类等零件如图 3.11 所示。

图 3.11　直升机具有回转表面的零件

以上这些类型的零件通常包括一种及以上需要车削加工的特征，如内孔、外圆、端面和槽口等，每一种加工特征都需要使用对应的车削加工方式。数控车削按加工几何特征的不同可分为外圆与端面车削、内孔车削、切槽与切断车削和螺纹车削。

外圆与端面车削是最常见的加工方式,其使用的刀具形式基本相同。加工时,当 Z 轴单独进给移动时,切削的是外圆;当 X 轴单独进给移动时,切削的是端面;当 X 轴和 Z 轴交替单独进给移动时,则可以车削阶梯面;若两个坐标轴联动时,则可以切削曲面或锥面等。

内孔车削的刀杆必须轴向深入孔内,加工圆柱面(孔)、底平面(端面)、阶梯孔(内圆柱+底平面)、圆锥孔和曲面内孔等。当孔径较小时,刀杆可能做得很细小,刀片可能很小或特殊设计,甚至与刀杆做成整体,刀杆刚性与振动是内孔加工常常要考虑的问题。

切槽与切断车削归属同一类型。切断是零件加工完成后与毛坯分离的常见工序,简单的切槽与切断车削加工的刀具非常相似。数控车床切槽加工可通过数控编程实现宽槽、圆柱和端面槽加工,甚至实现曲面仿形车削加工。

螺纹车削属成形加工,其牙型是由切削刃形状保证的,通过变换不同牙型的刀具可进行不同类型螺纹的车削加工。螺纹车削可进行外螺纹、内螺纹、锥螺纹甚至端面螺纹(又称涡型螺纹)加工。

3.2.3　车削加工刀具及选用

按切削部分材料不同,车削加工刀具可分为高度钢车刀、硬质合金车刀、陶瓷车刀、立方氮化硼车刀和金刚石车刀。在车削加工中,硬质合金车刀应用最为广泛。按加工用途不同,车削加工刀具可分为外圆车刀、端面车刀、内孔车刀、切断车刀、切槽刀、螺纹车刀和仿形刀等。按进给方向不同,车削加工刀具可分为左手刀、右手刀,也有双向切刀和仿形切刀。按刀具结构形式不同,车削加工刀具可分为整体式车刀、焊接式车刀和机夹可转位车刀。图 3.12 所示为几种典型的车削加工刀具。

| (a) 外圆车刀 | (b) 内孔车刀 | (c) 螺纹车刀 |

图 3.12　几种典型的车削加工刀具

车削加工刀具选用时应考虑重点以下要求。

（1）应根据切削材料合理选用刀具材料，通常可选用硬质合金刀具、高速钢或涂层刀具，低速断续车削时，可用耐冲击的超细晶粒硬质合金刀具。

（2）外圆车削加工时，应根据不同粗精加工工序合理选择刀具和刀杆。粗加工通常选择夹紧力较大、可靠性好的上压式夹紧方式（M 形）或杠杆夹紧方式（P 形）；刀片前角和后角应选小些，但前角不宜太小，主偏角不宜太小，刀尖处应有过渡刃；精加工时前角、后角应选大些，副偏角小些，刀刃要锋利，切削刃平直光滑，并有修光刃。

（3）内孔车削时，粗加工与半精加工刀杆一般选择杠杆夹紧方式（P 形）、双重夹紧方式（D 形）和上压式夹紧方式（M 形）的刀杆；精加工一般选择螺钉夹紧方式（S 形）的刀杆，刀具的主偏角一般选择 75°～90°。粗加工刀尖圆角不宜选择过小。

（4）切断与切槽时，优先选择 0°主偏角、刀杆截面尺寸、刀片宽度和刀尖圆角尽可能大。

3.2.4　车削加工夹具及选用

在数控车床上常用的夹具类型有顶尖拨盘类、花盘角铁类、心轴类、卡盘类和弹簧夹头类等。顶尖拨盘夹具主要用于零件以顶尖孔定位夹紧时。花盘角铁夹具主要用于零件以平面定位时。刚性心轴、花键心轴和弹性心轴等心轴类夹具主要用于零件以内孔定位夹紧且内孔与外圆有较高同轴度要求时。三爪卡盘、四爪卡盘和弹簧夹头类夹具主要用于以零件外圆柱面定位夹紧时。其中，三爪自定心卡盘装夹方便，自定心好，精度高，适合加工短小零件；四爪单动卡盘夹紧力大，适合车削不规则装夹表面形状的零件；六爪卡盘适用于薄壁零件和不对称零件的装夹，能够有效减小加工中的零件变形量。典型车削加工夹具如图 3.13 所示。

（a）四爪卡盘　　　　（b）三爪卡盘　　　　（c）心轴夹具　　　　（d）弹簧夹头

图 3.13　典型车削加工夹具

3.2.5 车削加工工艺特点

3.2.5.1 适用范围广

车削加工可以应用于各类轴、盘、套等回转体零件的加工。除了可以满足常见金属材料的加工外,车削加工同样适用于有色金属零件和复合材料等难加工材料。

3.2.5.2 车削加工效率高

车削粗加工通常采用较大切深和较高的零件转速;车削加工一次装夹可以完成多种表面加工。

3.2.5.3 车削加工精度高

在工艺能力范围内,车削加工各特征面的尺寸及位置加工精度和粗糙度等要求比较容易实现。

3.2.5.4 车削加工过程平稳

车削加工时,切削量比较连续,切削力变化小,很少出现较大的断续冲击,加工过程平稳。

3.2.5.5 车削加工刀具应用方便

车削加工刀具种类非常多,可以满足不同的车削加工需求,并且车削刀具安装、磨修和使用均方便。

3.2.5.6 生产成本较低

数控车床通常尺寸较小,功能单一,设备投入成本较低。

3.2.6 车削加工主要工艺难点

3.2.6.1 易造成切屑难排出

主要存在车削过程中断屑困难,切削易与车刀发生缠绕,以及切屑难以排出等问题。

3.2.6.2 易发生车削效率不高

工序安排、车削刀具选择、车削参数选用和车削轨迹设计不合理等因素,都可能造成车削效率不高。

3.2.6.3 易发生车削材料去除率低

在重载切削时,由于切刀能够承受的切削力有限和抗震稳定性差,切削速度不高,因此材料去除率低。

3.2.6.4　车削加工的表面质量影响因素

车刀的材料、刀具几何参数、刀具磨损程度、切削条件、加工材料、切削液的冷却和润滑作用及车床的精度和刚性等都是影响车削加工表面质量的重要因素。

3.2.6.5　小孔径零件车削加工易振刀

在小孔径零件车削加工时,切削力大、刀具系统或夹具与零件的刚性不足、切削时产生的外激力与车床系统产生共振等易造成振刀问题。

3.2.6.6　大长径比加工不稳定

大长径比细长轴加工时,受切削力和重力的作用而弯曲变形,产生振动,从而影响加工精度和表面质量;在车削热作用下,材料会产生相当大的线膨胀,引起的离心力会加剧轴的变形。

3.2.6.7　难加工材料车削刀具磨损快、加工效率低、车削质量难以保证

直升机旋翼系统中央件、叉形件等零件是钛合金材料,钛合金材料具有变形系数小、热传导率低、化学性能活跃等特性,造成车削过程中刀具极易磨损、易黏刀、加工速度低,极易出现刀具折断、加工表面过烧等问题。图 3.14 所示为直升机典型钛合金难加工材料车削示例。

(a)　　　　　　　　　　　　　(b)

图 3.14　直升机典型钛合金难加工材料车削示例

3.2.7　车削加工工艺一般要求

3.2.7.1　一般要求

(1)为提高直升机零件车削质量和效率,在工艺方法选择上首先选用数控车削工艺。

(2)根据零件的加工特征和加工质量要求,合理安排装夹方式和粗精加工工序。

(3)对于较长轴类零件,应采取有效的装夹方式以提高加工时的零件定位精度、稳定性和刚度,通常采用一夹一顶的装夹方式。

(4)车刀刀杆不宜伸出过长。

(5)装夹不规则且质量较大的零件时,应进行重心配平。

(6)对于无法直接装夹的毛坯材料,通常应先车出可用于装夹的部分。

(7)阶梯轴零件通常按直径由大到小的顺序进行车削加工。

(8)轴类零件车削深槽应在精加工之前进行。

(9)在加工进程中应保持切削液的充分供给,钛合金零件车削时不应使用含有氯、磷、铅元素的切削液。

3.2.7.2　典型车削零件工艺流程

以典型轴类零件为例,本节列出其车削加工工艺流程。

(1)下料。

(2)车端面。

(3)钻中心孔。

(4)车另一端面保证总长。

(5)钻中心孔。

(6)粗加工、半精加工、精加工一端各台阶面。

(7)换方向装夹。

(8)粗加工、半精加工、精加工另一端各台阶面。

(9)车槽。

(10)车螺纹。

当零件在粗加工中变形较大时,可将所有粗加工完成,并进行热处理,再进行精加工。

3.2.7.3　车削编程设计方法

在直升机零件车削加工中,普通车床车刀走刀轨迹由操作工人手动控制,而对于数控车床,目前采用两种车削编程方式:机内编程和离线编程。车削编程时,应按工序集中的原则划分工序,在一次装夹下应完成大部分甚至全部表面加工。根据零件的结构形状不同,通常选择端面或内孔、端面装夹,并力求设计基准、工艺基准和编程原点的统一。制订加工方案的一般原则为先粗后精、先进后远、先内后外、程序段最少、走刀路线最短。

1. 机内编程

大多数数控车床都具备较完备的机内编程功能,因此在实际应用中,很多企业选择由操作工人通过机内编程的方式进行车削加工程序的编制。其优点是:①可以对简单形状的零件进行快速编程;②操作工人了解机床的特性;③一般数控系统中会配置基于特征的指令,车削程序简洁,加工效率高。

2. 离线编程

对于有些复杂结构的零件,需要通过计算机辅助编程。当前能够完成数控车削加工的编程软件非常多,常用的有 CAXA、UG、CATIA、MASTERCAM 等等,这类软件都能够快速、准确地设计刀具路径,并进行切削仿真,提高数控程序设计的安全性,如图 3.15 所示。

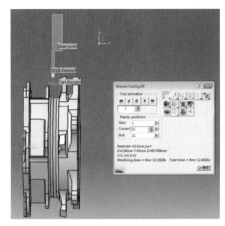

(a) 离线编程轨迹设计　　　　　　　(b) 离线编程切削仿真

图 3.15　直升机车削零件典型编程仿真示例

3.2.8　车削加工质量控制要求

车削加工过程及加工质量控制主要包括以下几种。

(1)操作人员资质符合本工艺操作要求。

(2)严格按照工艺规程及数控程序进行车削加工过程控制。

(3)钛合金车削加工时,严禁使用铝、铅及铅合金、镀镉、银、锡、镀锌的材料工具与紧固件,这一类材料的工具、夹具、量具不允许直接与钛合金零件接触,切削液不允许含氯。

(4)钛合金等零件表面缺陷检查在表面修整后进行,关键件一般要求进行表面完整性检查。

(5)应对所有车削加工的表面进行检验以确保符合设计图的相关要求,车削加工表面的检验主要包括加工精度检验、形位精度检验、表面粗糙度检验和外观检验。

（6）车削加工形成的形位精度可采用三轴测量机、专用量具（如同轴度量规、垂直度量规）等进行检测。

（7）表面粗糙度检验通常采用比较样块进行比对，对于重要零件可采用粗糙度测量仪器进行测量。

3.3　直升机零件铣削加工技术

铣削加工是在铣床上利用铣刀的旋转运动和零件/机床的移动或转动，通过对零件进行切削得到符合图样要求的形状，并符合尺寸、形状和位置精度及表面粗糙度要求的一种机械加工方法。铣削加工是机械加工中的传统制造技术。

铣削加工的主要特点是采用多刀刃的刀具进行切削，因此材料去除率高，加工效率高，可加工各种形状，应用范围广。铣削加工的精度较高，通常可以达到 IT9～IT8，表面粗糙度 Ra 可达到 $1.6~\mu m$，采用精密加工时，加工精度通常可达到 IT5 级，表面粗糙度 Ra 可达到 $0.2~\mu m$，铣削加工是当前直升机机械加工领域应用最普遍的加工工艺之一。

铣削加工按加工特征类型可分为平面铣削（包括圆周铣、端面铣等），键槽、台阶面、角度面、锥度面、圆弧、成形表面、齿等特征铣削，还可以分为钻孔、镗孔、攻螺纹、铰孔和铣螺纹等各类加工方式。

在直升机零件加工领域，铣削加工很早就开始应用，普通铣床是机械加工零件的重要加工设备，例如我国直升机制造修理技术发展初期，在机械加工领域采用的是普通铣床，比较好的机械加工铣削设备是从苏联、捷克进口的 1A63、1Д62、1Д63、S—28 车床，6H13、6H12、6H11、6H83、6H82 等铣床，3164 外圆磨床，XШ83H5 内圆磨床，383 镗磨床等。在 20 世纪 60 年代，引进了苏联 ПКФ—12 型龙门靠模铣床用于金属大梁的铣削。20 世纪 80 年初期，随着数控铣床的出现，直升机制造企业开始引进数控加工设备，如 XK5040、XK5115 国产数控机床和 NUM—V1—2000BT 四轴数控铣床等数控设备，数控铣削机床和数控加工技术开始在直升机机械加工零件中得到应用。当前，各类三轴和多轴数控铣削加工机床已经得到了广泛应用。

3.3.1　铣削零件的材料类型

在直升机零件铣削加工中，主要针对的加工材料包括铝合金、高强度钢、钛合金、碳化硅颗粒增强铝基复合材料、玻璃纤维/碳纤维增强复合材料等。

3.3.2　铣削零件类型

在直升机零件中，铣削加工主要用于各类结构零件的加工，包括框梁结构件，旋翼系统件，起落架和作动筒，机体接头类零件，型材、缘条类零件，摇臂类零件和支座类零件等。

3.3.2.1　框梁结构件

框梁结构件包括各种框、梁结构件。通过铣削加工完成结构框梁从毛坯到最终结构形状的材料去除。直升机铣削加工典型框类零件如图 3.16 所示。直升机铣削加工典型梁类零件如图 3.17 所示。

图 3.16　直升机铣削加工典型框类零件

图 3.17　直升机铣削加工典型梁类零件

3.3.2.2　旋翼系统件

旋翼系统件包括旋翼系统动定环、桨毂中央件、叉形件和夹板等零件。该类零件通常需要与车削设备共同完成形状加工任务。采用铣削加工的直升机旋翼系统件如图 3.18 所示。

图 3.18　采用铣削加工的直升机旋翼系统件

3.3.2.3 起落架和作动筒类零件

起落架和作动筒类零件包括直升机起落架机构中的旋转筒、内筒和外筒等零件。该类零件通常需要与车削设备共同完成形状加工任务。采用铣削加工的直升机典型起落架和作动筒类零件如图 3.19 所示。

图 3.19　采用铣削加工的直升机典型起落架和作动筒类零件

3.3.2.4 机体接头类零件

机体接头类零件包括直升机机体结构中的各类连接接头、管接头等零件,采用铣削加工的直升机典型接头类零件如图 3.20 所示。

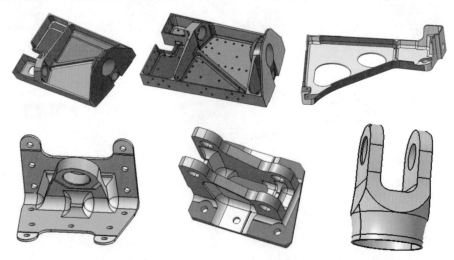

图 3.20　采用铣削加工的直升机典型接头类零件

3.3.2.5 摇臂类零件

摇臂类零件包括直升机机体结构中的各类摇臂、防扭臂和支臂等零件,采用铣削加工的直升机典型摇臂类零件如图 3.21 所示。

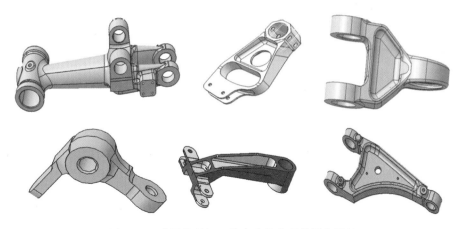

图 3.21　采用铣削加工的直升机典型摇臂类零件

3.3.2.6　型材、缘条类零件

型材、缘条类零件包括各类加强角材、T 型材和缘条类零件,采用铣削加工的直升机典型型材、缘条类零件如图 3.22 所示。

图 3.22　采用铣削加工的直升机典型型材、缘条类零件

3.3.2.7　支座类零件

支座类零件包括各类角盒、支座、支架类零件,采用铣削加工的直升机典型支座类零件如图 3.23 所示。

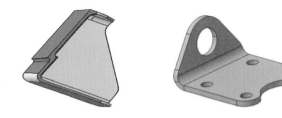

图 3.23　采用铣削加工的直升机典型支座类零件

以上类型零件通常包括很多需要铣削加工的特征,如平面、曲面、开口腔、封闭腔、立筋、腹板、圆角、轮廓、闭角面、孔和螺纹等,这些加工特征可以在数控铣床或数控铣削加工中心上通过自动换刀方式选用不同类型的铣削、钻削等刀具

进行一体化加工。

3.3.3 铣削加工刀具及选用

在直升机零件铣削加工中,常用的刀具类型有面铣刀、立铣刀、球头立铣刀、带底 R 圆鼻铣刀和螺纹铣刀等;刀具材料主要包括高速钢、硬质合金、陶瓷、立方氮化硼、金刚石和涂层等;刀具结构主要包括整体式、整体焊接式和镶齿式。在铣削加工中,由于整体式刀具切削性能好、夹持牢固、切削过程稳定,因此已成为切削加工中的首选刀具类型。

在铣削加工中,硬质合金刀具的使用占刀具使用总量的 50% 以上。高速钢刀具价格便宜,对铝合金等轻金属加工切削性能良好,在铝合金材料直升机零件中得到普遍应用。在零件加工时,粗加工或半精加工工序可使用可转位铣刀、整体焊接刀、镶嵌式玉米铣刀或插铣刀等,精加工工序一般使用整体硬质合金立铣刀。典型铣削加工刀具如图 3.24 所示。

图 3.24 典型铣削加工刀具

铣削刀具选用时应重点考虑以下要求。

(1)根据铣削材料合理选用刀具材料,确保既具有良好的铣削性能,又具有一定的经济性,通常可选用硬质合金刀具、高速钢或涂层刀具,钛合金零件应避免使用钛、钨、钴类的硬质合金刀具。

(2)应根据零件的结构合理选用刀具种类,尽量减少刀具使用的种类以减少换刀次数,提高加工效率。

(3)为防止铣削刀具发生冲击崩刃,在粗加工阶段,刀具采用较大的刀尖圆弧半径。

(4)在精加工阶段,铣削刀具应选用较小的刀尖圆弧半径,以减小刀具对已加工表面的作用。

(5)对于复杂曲面加工时,应选择合适直径的刀具,选择直径过大刀具铣削阻力大,易造成黏结和刀具磨损,还会导致表面残留不均匀不利于精加工。

(6)在充分考虑加工深度可达的前提下,尽量减小刀具的悬伸长度以提高铣削过程的稳定性。

3.3.4　数控铣削加工夹具及选用

数控铣削加工所用夹具类型包括通用夹具、专用夹具、真空吸附夹具和组合夹具等。

3.3.4.1　通用夹具

通用夹具是指结构、尺寸已规格化，并且具有一定通用性的夹具，如三爪自定心卡盘、四爪单动卡盘、可调夹具、虎钳台和万能分度头等，一般也制造通用的压板、"T"形块、垫板、定位安装板等用于零件的装夹，其特点是适应性强、不需要调整或稍加调整即可装夹一定形状范围内的各种零件。采用通用夹具可缩短生产准备周期，减少夹具品种，从而降低生产成本。缺点是较难装夹形状复杂的零件，故适用于单件小批量生产中。典型铣削加工通用夹具如图 3.25 所示。

图 3.25　典型铣削加工通用夹具

3.3.4.2　专用夹具

专用夹具是指为适应某种零件、某种工艺的加工要求而专门设计制造的夹具。专用夹具的优点是能够更好地保证零件的尺寸精度、位置精度，更加适用于形状复杂或对加工精度有较高要求的零件。使用专用夹具能够缩短零件安装和更换的时间，提高生产效率。典型铣削加工专用夹具如图 3.26 所示。

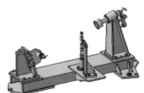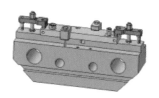

图 3.26　典型铣削加工专用夹具

3.3.4.3　真空吸附夹具

真空吸附夹具是指利用密封腔的压力与大气压差压紧零件以抵抗切削力的夹具，一般按结构类型分为整体式和分体式。真空吸附夹具主要适用于直升机机身金属壁板、框梁、肋等薄壁类铝合金整体结构件的整体形状加工,以及切边和钻孔工作,通常零件结构上具有较大平面或平缓曲面区域,可以进行吸附装夹。对于平面类零件的吸附,夹具具有一定的通用性;对于较复杂曲面及型腔结构的吸附,夹具通用性较差,一般设计为专用零件的吸附夹具,此类夹具一般由直升机制造企业工装设计制造部门制造或通过外协方式采购。典型铣削加工真空吸附夹具如图 3.27 所示。

图 3.27　典型铣削加工真空吸附夹具

3.3.4.4　组合夹具

组合夹具是一种标准化、系列化程度很高的柔性化夹具,是由一系列可以循环使用的且具有高精度、高强度的标准化元件组成的易连接和拆卸的夹具。组合夹具适用于小批量生产或研制时中小型零件的加工,通常采购成品或自行设计制造。随着数控加工技术的普及,常规组合夹具在当前直升机零件加工中已逐步减少应用。典型铣削加工组合夹具如图 3.28 所示。

图 3.28　典型铣削加工组合夹具

3.3.5　铣削加工工艺特点

3.3.5.1　加工灵活、工艺通用性强

直升机机械加工零件多种多样,结构类型和加工特征复杂程度各不相同,对铣削加工的需求是功能多样、柔性灵活、加工高效、工艺通用性强。普通铣削加工设备通过操作工人的操作,完成普通结构零件的铣削加工,具有一定的灵活性和工艺通用性,缺点是加工效率低,难以完成复杂形状的零件加工。而数控铣削

加工机床(简称数控铣床)最大的特点是高柔性和高通用性。在一台数控铣床上能够完成钻削、铣削、镗削、攻螺纹、铣平面和铣曲面等加工,特别是对于普通铣床无法加工的复杂结构零件,高端数控铣床能够胜任。一台普通的数控铣床通过多次装夹可以完成机械加工零件所有的加工任务;而对于五轴数控铣床,在一次装夹状态下就可以完成所有部位的加工,加工效率和质量更高。

3.3.5.2　加工精度高、加工质量稳定

在直升机机械加工零件制造中,通常精度要求在 IT9～IT7,表面粗糙度 Ra 要求在 $1.6～3.2\ \mu m$;而常规的数控铣床重复定位精度一般在 $0.02\ mm$ 左右,对于较高精度的镗铣设备,其重复定位精度在 $0.002～0.005\ mm$,能够满足几乎所有直升机机体零件的高精度铣削加工需求。数控铣床通过预先编制的加工程序,以及工艺设定好的装夹状态运行加工程序,过程稳定可靠,加工的零件尺寸一致性好、质量稳定,能够完成普通铣床难以加工或根本无法完成的特征加工,具有很高的加工精度。

3.3.5.3　生产效率高、自动化程度高

通常铣削加工在具有刀库的三轴、五轴数控铣削加工中心上进行,再配有高效的夹具,通过数控程序自动运行和自动换刀,可以在一次装夹中实现钻、镗、铰、攻丝和铣削等多种加工任务,加工效率非常高。数控铣削的加工效率一般是普通铣床加工效率的 $3～5$ 倍,而对于复杂结构零件,生产效率可提高几十倍。随着柔性、智能制造技术的发展,数控铣削设备通过信息技术、集成技术并融合机器人技术等,形成了生产线集成化、规模化生产线作业,自动化程度更高,生产效率得到了大幅提升。

3.3.5.4　对铣削刀具切削性能要求高

铣削加工使用的刀具是多刃型,属于断续切削,因此要求铣刀具有良好的抗冲击、韧性和耐磨性;对于难加工材料,更需要刀具有良好的切削性能。由于一般的铣削过程中会产生大量的切屑,因此要求铣刀具有良好的排屑性能。

3.3.6　铣削加工主要工艺难点

3.3.6.1　整体结构件加工难度大

整体结构件通常是由多个结构框、梁和接头等零件进行的整体化设计,零件尺寸大,结构复杂,腔体多,侧壁和腹板厚度薄。有些零件壁厚达到 $(1.2\pm0.1)\ mm$,腹板厚度最薄尺寸及公差达到 $(0.8\pm0.1)\ mm$,对薄壁和腹板的厚度控制是加工中的难点问题,容易出现壁厚和腹板尺寸超差,甚至出现腹板被铣漏

等问题,必须采用真空吸附夹具才能控制加工精度。另外,由于采用厚拉伸板材或锻件作为毛坯,加工时薄壁部位变形及加工完成后最终零件整体结构变形难以控制;整体结构件多是承力零件,与直升机整体气动外形蒙皮相接,外形复杂,理论型面多,并且闭角加工区域多,拐角区域多,大多需要五轴加工设备,对数控加工轨迹的设计及轨迹控制要求高,对机床的多轴特性要求也高,经常出现超行程、零件过切等加工问题。另外,对于大型整体结构件,材料去除率大,有些零件的材料去除率达到95%以上,加工周期长,不断提升高效加工技术是工程上的应用需求。

3.3.6.2 钛合金、高温合金等难加工材料加工困难

对于直升机中的钛合金、铝基复合材料、高强度钢等难加工材料的零件,如钛合金中央件、上下夹板和叉形件等,由于材料的难加工特性,存在加工时刀具磨损快、加工效率低和表面质量难以保证等难题,对加工过程的控制较严格。

3.3.6.3 接头、前起落架、摇臂等零件加工公差保证困难

直升机上的很多结构零件(如各类接头、前起落架和摇臂等零件)通常与其他零件有精确的安装配合要求,形位公差要求严格。对于这类零件,采用传统的多工序、多设备和多次装夹定位的方法进行加工,形位公差难以保证,经常出现超差报废的问题,因此高精度的五轴车铣、铣车复合加工和镗铣加工设备近年来得到广泛应用。尽管从设备精度上能够满足加工需要,但加工过程中对精度的预测和过程控制,以及自适应调整仍是难题。

3.3.6.4 缘条等弱刚性零件加工变形

缘条等细长且薄壁的弱刚性零件加工后极易发生扭曲变形,保证厚度尺寸困难,如何减少变形量并控制尺寸精度是加工的难题。

3.3.7 铣削加工工艺设计一般要求

3.3.7.1 一般要求

(1)应合理设计工艺流程,尽量一次装夹完成所有加工工作,减少工序调整数量,减小多次定位装夹引起的加工误差。

(2)大型整体框梁结构件优先选用整体真空吸附方式对毛坯进行装夹定位,通过装夹、留工艺台、时效、加工轨迹优化等措施进行加工变形控制。

(3)应合理安排粗加工、半精加工和精加工等工序,以及合理设定各工序切削参数。

(4)采用机械式夹具时,零件需留有工艺台等辅助装夹结构,并且保证毛坯

装夹载荷均匀。

(5)装夹夹紧力不能过大,保证夹紧的可靠性为宜。

(6)夹具上应具有可靠的定位基准、简洁便利的对刀基准。

(7)对于铝合金零件,一般选用高转速五轴数控加工中心进行加工。

(8)筋、肋等弱刚性部位精加工时应使用较小的切削深度、较大的切削宽度。

(9)应采用毛坯外下刀方式接近零件,如从毛坯内下刀时,应预先制落刀孔或采取螺旋线下刀、斜下刀等方式安全下刀。

(10)在加工进程中应保持切削液的充分供给,钛合金零件铣削时不应使用含有氯、磷、铅元素的切削液。

3.3.7.2 典型整体结构件铣削加工工艺流程

以典型整体结构件为例,列出其铣削加工工艺流程。

(1)毛坯制备/下料。

(2)装夹。

(3)粗加工(正面)。

(4)粗加工(反面)。

(5)自然时效。

(6)半精加工(正面)。

(7)精加工(正面)。

(8)半精加工(反面)。

(9)精加工(反面)。

3.3.7.3 铣削编程设计方法

在直升机零件铣削加工中,目前已全面实现基于 CAM 软件的离线编程和代码仿真验证,基本取消了实物试切加工。直升机零件制造领域主要采用 CATIA V5 软件进行工艺编程,与设计部门使用的软件版本保持一致,能够确保数据的一致性和兼容性。对于数控代码的仿真,目前在工艺端主要使用 VERICUT 软件进行代码级的切削仿真和机床运动仿真,能够很好的保证数控加工代码的质量和加工过程的安全性,提高一次试加工合格率。CATIA V5 编程及仿真过程示意如图 3.29 所示,VERICUT 仿真过程示意如图 3.30 所示。

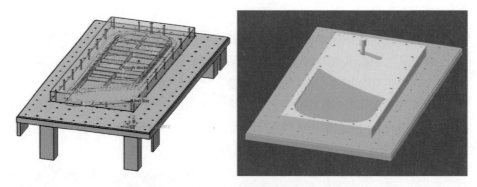

图 3.29　CATIA V5 编程及仿真过程示意

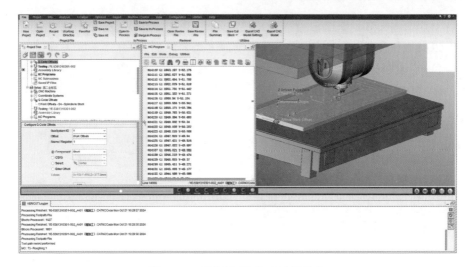

图 3.30　VERICUT 仿真过程示意

3.3.8　铣削加工质量控制要求

铣削加工过程及加工质量控制主要包括以下几种。

(1)操作人员资质符合本工艺操作要求。

(2)严格按照工艺规程及数控程序进行铣削加工过程控制。

(3)检验人员应按工艺规程或检验规程对零件尺寸进行逐一检查。

(4)零件表面不应有残留划线、冲点等,不应有划伤、碰伤、压坑等缺陷。

(5)钛合金铣削加工时,严禁使用铝、铅及铅合金、镀镉、银、锡、镀锌的材料工具与紧固件,这一类材料的工具、夹具、量具不允许直接与钛合金零件接触,切削液不允许含氯。

(6)钛合金等零件表面缺陷检查在表面修整后进行,对关键件一般要求进行表面完整性检查。

（7）应对所有铣削加工的表面进行检验以确保符合设计图的相关要求，铣削加工表面的检验主要包括加工精度检验、形位精度检验、厚度检验、表面粗糙度检验和外观检验。

（8）铣削加工形成的形位精度可采用三轴测量机、专用量具（如同轴度量规、垂直度量规）等进行检测。

（9）大型结构零件的腹板等特征的厚度一般使用超声波测厚仪进行检测。

（10）表面粗糙度检验通常采用比较样块进行比对，对于重要零件可采用粗糙度测量仪器进行测量。

3.3.9 铣削加工关键技术

由于铣削加工是当前机械加工中应用最广泛的技术，也是一直以来广受关注的技术，因此围绕铣削加工技术发展了很多关键技术，很多已经得到成熟应用。本节简述几种常见的铣削加工关键技术。

3.3.9.1 高速高效铣削加工技术

高速高效加工一直是航空制造企业机械加工长期追求的目标。除了采用先进的刀具和合理的切深、切宽等切削参数外，还有一些高速高效加工的工艺技术可以应用。在传统的高速高效铣削加工应用中，主要采用的技术有宽行加工、小切深大切宽高速加工技术、高性能切削刀具应用技术等，高速高效铣削加工技术已经在直升机各类结构零件中得到普遍应用。

近年来，随着动态铣削加工理念的产生和 CAM 软件动态铣削功能的实现，数控动态铣削加工策略逐步在数控加工中得到应用。在加工过程中，动态铣削是在机床主轴刚性较强的条件下，使用较大的切深、较小的切宽、较大的进给进行加工的一种切削方式。动态铣削的优点是加工效率高，接触面积大，进给率高，刀刃的使用效率最大化；侧刃加工散热空间更大，切屑小，带走大量切削热量，延长刀具寿命；铣刀的最大切宽在切削时保持恒定，可以保护刀具和产品表面，避免因接触角突然增大而引起的刀具震动和断刀。动态铣削的缺点是对丝杠磨损较多，对机床的刚性要求较高；刀刃磨损大；在应用过程中对加工轨迹设计技术水平要求较高。机械加工零件典型动态铣削技术如图 3.31 所示。

当前在 CAM 软件和仿真软件中出现了以恒定切削量、切削力作为约束条件对加工过程中的进给速度进行优化的技术，在直升机零件高速高效加工中有很好的应用前景。以 VERICUT 软件 FORCE 功能为例，可以根据给定刀具、材料及相关切削力、最大切屑厚度、最大允许进给速度等约束条件，利用物理仿真技

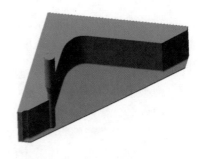

图 3.31　机械加工零件典型动态铣削技术

术,优化得到每一行加工代码的最佳进给控制值,并对空行程等轨迹进行优化。对于机械加工结构件,此技术通常可以提高加工效率 20% 以上,是未来可以普及应用的先进加工技术。

3.3.9.2　插铣加工技术

在直升机结构及升力系统零件加工中,很多零件是难加工材料,钛合金等难加工材料占比越来越大,而传统的铣削加工效率低,材料去除慢,加工周期长。而插铣加工在粗加工上有很大优势,逐渐成为钛合金等难加工材料粗加工的首选加工方式。插铣作为一种新兴的高效铣削方式,已被工业加工界认可,尤其是在航空工业、模具制造业中逐渐得到推广应用。

插铣法又称为 Z 轴铣削法,通过刀具在 Z 轴方向的上下运动实现材料的去除,是实现金属切削最有效的加工方法之一。对于难加工材料的曲面加工、切槽加工和刀具悬伸长度较大的加工,插铣法的加工效率远远高于常规的端面铣削法。事实上,在需要快速切除大量金属材料时,采用插铣法可显著缩短加工时间。插铣法非常适合型腔类机械加工零件、型腔类模具的粗加工,并被用于实现航空零部件的高效加工。

插铣加工优点主要包括:①能够减小零件变形;②可降低作用于铣床的径向切削力,这意味着轴系已磨损的主轴仍可用于插铣加工而不会影响零件加工质量;③刀具悬伸长度较大,这对于零件凹槽或表面的铣削加工十分有利;④能实现高温合金材料、钛合金材料的切槽加工;⑤与常规加工方法相比,插铣法加工效率高,加工时间短,并可应用于各种加工环境,既适用于单件小批量的一次性原型零件加工,也适合中、大批量零件制造,因此是一种极具发展前途的加工技术。直升机机械加工零件典型插铣技术应用如图 3.32 所示。

插铣加工的应用难点主要包括:①插铣过程中(如参数选择不合理)易产生

图 3.32　直升机机械加工零件典型插铣技术应用

振动;②对于较复杂结构部位的插铣轨迹较难设计。

3.3.9.3　机械加工零件变形控制技术

在直升机机械加工中,零件的变形控制一直是工艺难题。变形主要出现在薄壁壳体零件、缘条类零件、长珩类零件、长轴类零件和采用模锻毛坯的零件。对于复杂结构零件,尤其是主承力结构件(如直升机框、梁等),由于整体化结构设计技术的应用,以及毛坯的初始应力分布不均衡、结构的不对称性和加工工艺的不完善等原因,因此加工完成的零件易发生弯曲、扭曲和弯扭组合等变形,严重影响整体结构零件的生产效率和最终的产品精度。因此,机械加工零件的变形控制一直是需要解决的重点问题。本节以典型整体结构框的加工变形为例,介绍常用的加工变形控制技术和工艺策略。

1.数控高速切削加工技术

直升机框梁结构件通常为薄壁结构,壁厚为 1～3 mm,局部刚性较弱,在加工过程中受切削力和切削热影响较大。高速切削具有较小的切削力,在加工薄壁零件时产生的让刀较小,易保证零件的尺寸精度和形位精度。同时高速切削时大部分切削热被切屑带走,因此产生的加工热变形较少。应用高速切削加工技术可有效控制结构局部变形。

2.预加工应力释放槽工艺

可通过工艺试验和计算机辅助变形预测分析工具,预先判断应力集中区域,并获得应力释放槽加工方案,包括需要加工的应力释放槽的数量、位置、方向、槽口深度、长度和宽度等,一般在毛坯粗加工前完成应力释放槽的加工。

3.采用优化的加工轨迹策略

采用增加加工部位局部的刚性、对称加工抵消变形等策略能够有效控制和减少变形,提高尺寸精度。常用的加工轨迹优化策略包括对称加工、层优先加工和错位加工等。

4.适当采取时效处理措施

利用时效处理工艺可消除零件内应力,稳定材料内部组织和产品几何尺寸,提高机械加工性能。通常采取的时效处理措施有自然时效处理、热处理时效和振动时效等。

5.优化装夹方式

对于框梁结构件,为控制加工过程中的变形,主要采取常规的夹持压紧工装、真空吸附工装。通常选择零件内部刚性较好的表面作为定位面和支撑面。在压紧过程中,避免因过大的压紧力导致装夹变形,对于局部变形区域可增加补偿垫片来消除装夹应力。

3.3.9.4 车铣复合加工技术

车铣复合加工技术是一种集车削、铣削和钻削多种加工方式为一体的先进技术,它通过一次装夹就可以完成各类孔和面的钻、扩、铰、镗、铣及车削加工,具有高效率、高精度和高灵活性的特点。

当前在直升机旋翼系统动定环、叉形件和桨叶销等较高的形位公差要求的零件加工中,普遍采用车铣复合加工技术,主要采用的车铣复合加工设备有WFL MILLTURN 65、MILLTURN 120 等型号。车铣复合加工设备可加工直径范围和长度范围大,配备五轴联动功能,不仅能够实现五轴铣削加工,还能够实现B轴连续摆动车削加工,提高车削加工过程中的可达性和轨迹设计的灵活性。由于目前很多企业都在使用 CATIA V5 软件进行数控编程,而此类 CAM软件在车铣复合加工编程方面功能不强,无法充分利用设备自带的各类标准宏功能,对车铣复合设备加工性能的发挥有一定影响。

车铣复合加工典型的工艺流程为毛坯准备→装夹定位→粗加工→热处理→精加工→拆卸→钳工去毛刺→检验等。

车铣复合加工工艺遵守常规车削、铣削等工艺的控制要求,由于采用车铣复合加工的主要为铝合金、钛合金等模锻零件且精度要求高,因此主要工艺难点是基准准确定位、保证形位精度及控制加工变形困难。WFL MILLTURN 车铣复合加工设备结构示意如图 3.33 所示。

图 3.33　WFL MILLTURN 车铣复合加工设备结构示意

3.4　直升机零件磨削加工技术

磨削加工是直升机机械加工中应用较多的切削方法之一,磨削加工是指用砂轮、砂带、油石或磨料等对零件表面进行切削加工。通常用砂轮、砂带作磨具进行切削加工的机床,称为磨床,磨削时砂轮高速旋转,零件则根据磨削方式的不同做旋转、直线运动;用油石或磨料作磨具进行切削加工的机床,称为研磨机床或超精密磨削机床。磨削加工方法主要有外圆磨削、内孔磨削、平面磨削、螺纹磨削、花键磨削、齿轮磨削、无心磨削等,若按砂轮工作表面分类,磨削加工方法可分为周边磨削、端面磨削和成形磨削。通常,磨削加工范围有精加工和超精加工,精度可达 IT6~IT4,表面粗糙度 Ra 可达 0.02 ~1.25 μm。

3.4.1　磨削材料类型

磨削加工的材料范围很广,既可以加工铸铁、碳钢、合金钢等一般结构材料,又可以加工高硬度的淬硬钢、硬质合金、陶瓷和玻璃等难切的材料,但磨削不宜精加工塑性较大的有色金属零件。

3.4.2　磨削零件类型及磨削方式

在直升机零件加工中,磨削加工主要用于精度和光洁度要求较高,并且具有外圆、内孔、平面、螺纹、花键、齿轮、导轨和成形面等特征的零件。

3.4.2.1　筒类及轴类零件外圆或内孔磨

筒类及轴类零件轮轴等回转体轴、撑杆、螺栓类零件,直升机零件典型外圆磨削应用如图 3.34 所示。

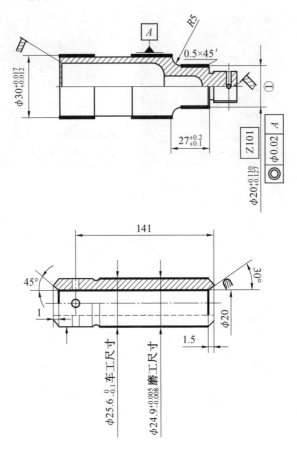

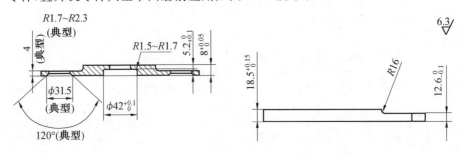

图 3.34　直升机零件典型外圆磨削应用(mm)

3.4.2.2　平面磨削结构类零件

平面磨削结构类零件需要严格保证表面平面度或厚度公差,如夹板、钢板类零件,直升机零件典型平面磨削应用如图 3.35 所示。

图 3.35　直升机零件典型平面磨削应用(mm)

3.4.3　磨削磨料及选用

在磨削加工中,常用的磨料包括氧化铝、陶瓷氧化铝、碳化硅和金刚石等。通常磨削硬度高的零件时,应选择硬度更高的磨料;磨削抗拉强度高的零件时,应选用韧性大的磨料;磨削抗拉强度低的零件时,应选用较脆或强度高的碳化硅磨料。具体来说,棕刚玉适合磨削碳钢、铸铁合金钢和硬青铜等;白钢玉适合磨削淬火钢、合金钢、高速钢和工具钢等;黑碳化硅适合磨削有色金属、橡胶、皮革和塑料等;绿碳化硅适合磨削硬质合金、光学玻璃和陶瓷材料等;SG、CBN 陶瓷磨具广泛应用于难磨材料。

应根据加工精度、表面粗糙度和磨削效率的要求选择磨粒粒度。被磨零件要求表面粗糙度高时,应选择粗粒度;被磨零件要求表面粗糙度低时,应选择细粒度;被磨零件要求几何精度较高和表面粗糙度较低时,应选择混合粒度;被磨零件导热性差、易发热变形、易烧伤时,应选择较粗粒度。

应根据零件材料的性质、磨削方式选择磨具硬度。磨削硬材料时,应选择较软的磨具;磨削软材料时,应选择较硬的磨具;磨削非常软且韧的有色金属材料(如铝、铜)时,应选用较软的磨具;磨削导热性差、易变形、烧伤的零件时,应选用较软的磨具。

3.4.4　磨削加工工艺特点

砂轮由磨粒、结合剂和空隙三要素组成。磨粒的硬度很高,具有锋利的刃尖,当砂轮高速旋转时,其表面上无数锋利的磨粒像一把多刃刀具,从零件上切除一层薄薄的金属,形成光洁的加工表面。磨削时,砂轮的圆周速度很大,普通磨削的圆周速度为 30~50 m/s,高速磨削的圆周速度为 40~60 m/s,同时砂轮磨粒具有多刃性和微刃性,以及在磨削过程中的自锐作用,使新的磨粒不断地参加磨削,其特点如下。

(1)能够使零件获得很高的加工精度和很高的光洁度。

(2)磨削加工主要用于直升机关键产品重要尺寸的加工,通常是形成尺寸的最后一道加工工序,如直升机起落架旋转筒的内外圆柱面镀铬前后的精磨,对于形成零件的最终配合尺寸至关重要。

(3)能够磨削硬度很高的淬硬钢、硬质合金及其他硬度很高的金属材料和非金属材料。

(4)磨削速度大,砂轮与零件的接触面积大,由于在磨削区内磨削产生大量的热,因此磨削温度很高,需要充分供给切削液,增强润滑,带走热量。

(5)砂轮表面的磨粒使用一段时间后会钝化,因此在磨削过程中要经常修整砂轮。

(6)砂轮属于非均切削工具,安装前要经过静平衡,以减少机床的振动。

(7)通常磨削作为精加工工序,磨削加工留量比切削加工留量少得多。

3.4.5 磨削加工主要工艺难点

在磨削加工中,存在的工艺难点包括以下几方面。

(1)磨削材料与磨料、接合剂和磨削参数的匹配非常关键。

(2)磨削不锈钢等材料时砂轮经常会产生黏附阻塞,钛合金等材料磨削加工时易出现过烧,因此对砂轮在磨削过程中的磨削性能控制非常重要。

(3)磨削零件有多次定位装夹要求时,对磨削尺寸的控制难度较大。

(4)磨具随着磨削过程中逐渐磨损,对砂轮等磨削性能要随时控制修整。

3.4.6 磨削加工一般工艺要求

(1)磨削前应对零件表面进行清洗,确保零件表面无油脂、润滑油、污垢和灰尘等污物。

(2)磨削加工前应对砂轮进行动平衡调整。

(3)磨削过程中,应使用锋利的砂轮进行加工,如发现砂轮磨损或堵塞,应及时对砂轮进行修整和处理。

(4)磨削钛合金时速度不宜太大,应采用合理的磨削用量。

(5)钛合金零件在磨削过程中必须充分使用切削液,不能采用对钛合金产生应力腐蚀作用的含卤元素的切削液。

(6)钛合金零件磨削加工时应严格控制火花产生或使零件表面变色,禁止采用砂轮干打磨。

(7)钛合金零件禁止与铝、铅、锌、铜、锡和镉等合金接触。

3.4.7 磨削加工质量控制要求

(1)操作人员资质符合本工艺操作要求。

(2)严格按照工艺规程及数控程序进行磨削加工过程控制。

(3)对磨削零件加工后的表面通常要进行烧伤检测。

(4)强化热处理的零件磨削加工后,所有加工表面应进行无损检测。

(5)如有要求,应对零件基体表面进行磁粉裂纹检验,检查裂纹等缺陷。

(6)如有要求,应对零件镀铬表面进行渗透检验,检查裂纹等缺陷。

（7）应检查磨削零件的工艺数据，检验数据记录的完整性。

（8）磨削后的尺寸测量可采用千分尺、量规、三轴测量机等进行。

（9）磨削后的零件表面粗糙度可采用表面粗糙度样块、粗糙度仪等进行。

3.5　直升机零件线切割加工技术

在直升机零件机械加工领域，主要采用的电火花加工技术是线切割加工技术，也是直升机零件机械加工应用较多的方法之一。线切割加工技术是一种线电极电火花加工技术，采用电极丝作为工作电极，工作液作为放电介质，放电通道瞬间产生高温，使零件表面熔化甚至气化，利用机床 $X-Y$ 拖板和 $U-V$ 拖板运动，使电极丝沿预定的轨迹运动，电极丝和零件在水平方向上相对运动，当相对距离小到一定程度时，工作液被脉冲击穿，引发火花放电，蚀除零件材料。控制两电极间始终保持一定的放电间隙，并使电极丝沿其轴向以一定的速度做走丝运动，即可实现电极丝沿零件预定轨迹边蚀除、边进给，逐步将零件切割加工成形。当金属丝在上下支架的倾斜作用下运动时，还可以加工各类锥形体形状。按照机床分类，线切割机床可分为快走丝、中走丝和慢走丝三种。在直升机零件制造中，考虑制造的精度和效率，主要选用中走丝、快走丝线切割设备。

3.5.1　线切割放电电极材料类型

线切割快走丝、中走丝通常选用钨钼丝、钼丝作为电极丝，慢走丝选用黄铜线作为电极丝，也可以选用镀铜的钢丝或镀锌丝作为电极丝。

3.5.2　线切割零件类型

在直升机零件加工中，由于线切割加工会在零件表面形成变质层和热影响层，这会对零件的疲劳寿命产生一定的影响，因此线切割在零件加工上有一定的限制。

目前线切割加工主要用于薄垫片、常规切削加工很难或无法完成的形状、孔的加工和难加工材料的材料大量去除等。

3.5.2.1　难加工材料类零件

难加工材料类零件如直升机钢材料铰链类零件，难加工材料类零件典型线切割应用如图 3.36 所示。

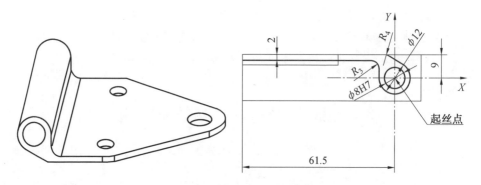

图 3.36   难加工材料类零件典型线切割应用(mm)

3.5.2.2   常规铣削无法加工的槽口、孔、特殊斜面等特征零件

常规铣削无法加工的槽口、孔、特殊斜面等特征零件如支架槽口、钢板类零件,零件典型线切割应用如图 3.37 所示。

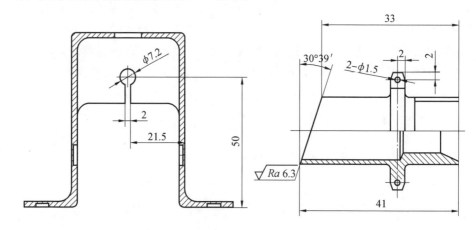

图 3.37   零件典型线切割应用(mm)

3.5.3   线切割加工工艺特点

(1)可以实现很高的加工精度和加工效率。

(2)加工中不存在显著的机械切屑,电极丝损耗小,与被加工零件的硬度和刚度无关,只要是导电或半导电的材料都能加工,但无法加工非金属导电材料。

(3)由于电极丝很细,并且放电间隙小,可以加工小孔和复杂形状的零件,但无法加工盲孔。

(4)电极丝在加工中不直接接触零件,两者之间作用力小,不需要零件有足够的刚性。

（5）加工时产生的切缝窄，金属蚀除量少，有利于材料的再利用。

（6）零件材料过厚时，工作液较难进入和充满放电间隙，会对加工精度和表面粗糙度造成影响。

（7）加工过程中可能在零件表面出现裂纹、变形等问题，如对加工精度和控制变形有要求，加工之前应适当进行热处理和粗加工，消除材料性能和毛坯形状的缺陷，提高加工精度。

（8）与一般切削加工相比，线切割金属加工材料去除率低，不适合形状简单的零件大批量生产。

（9）线切割对零件表面产生一定的腐蚀，因此在直升机零件加工中使用有一定限制。

3.5.4　线切割加工主要工艺难点

（1）对于超厚度零件的加工，容易出现丝松、丝抖、丝断及加工表面的完整性差等问题。

（2）对于薄壁件加工，容易出现零件切割位置变形，必要时应对薄壁件采取叠加装夹及对称压紧的方法。

（3）加工方形形状在换向时容易造成变频速度变化，以及进给速度超过或滞后于切割速度，导致切割表面质量差。

（4）切割加工时容易出现短路、表面过烧等问题。

（5）加工参数不合理等因素导致加工面平直度差、鼓形、加工变形，甚至产生表面裂纹等各类问题。

（6）零件线切割后加工部位热影响层需要进行处理，直升机零件有严格的处理要求和禁限用要求。

3.5.5　线切割加工主要工艺要求

（1）线切割加工前，应采取有效措施彻底清洗零件表面，去除任何可能影响操作的杂质，如热处理氧化皮、表面涂层和污染物。

（2）确保零件切割区域处于有效加工范围内，以及下线架拖板在加工过程中不会与零件、夹具发生干涉。

（3）切割时零件或零件局部加工区域应有充分的电介质保护。

（4）线切割后的零件应进行清理，去除电介质及碎屑。

（5）线切割后的钢、钛及钛合金、镍合金应进行热处理，以消除应力。

（6）目视检查非线切割加工后区域，不应存在线切割产生的缺陷，例如针孔、烧伤和腐蚀等，所有电火花线切割表面应采用钳工进行去除。

3.5.6 线切割加工质量控制要求

(1)操作人员资质符合本工艺操作要求。

(2)严格按照工艺规程及数控程序进行线切割过程控制。

(3)检验零件加工后的尺寸和表面粗糙度等符合相关要求。

(4)对于加工产生的热影响区有去除要求的,应检查去除情况。

3.6 机械加工新兴及智能制造先进技术

3.6.1 柔性智能生产线应用技术

在直升机零件机械加工制造领域,基于柔性化、智能化和信息化技术集成应用的生产线制造模式开始兴起。机械加工柔性智能生产线通过关键工艺装备自动化、智能化升级,并采用零件定位系统、机器人等柔性装置实现设备自动上下料,采用输送线、AGV 等实现设备间/各个工序间的衔接和物料传送,以及采用自动立体仓库实现物料的存储。随着工业 4.0 的推进和物联网发展,除了基本的自动化功能之外,柔性智能生产线还增加了数据采集监控等功能,并具备生产线管控能力,通过 MES 信息化系统、传感器及监控技术、智能物流与仓储装备、自动化搬运设备等系统的集成应用,实现以大数据、物联网为基础的工艺、生产、检测和物料等数据流的统一。通过将人工智能技术应用于工艺、生产等过程,使关键环节或过程中人、机、物、环境、信息等体现出感知、互联、协同、学习、分析、认知、决策、控制与执行能力,构成动态地适应制造环境变化的生产线。

柔性智能生产线采用先进数字化、智能化技术和系统的集成应用,具备线内自动化物流、自动找正定位、数控程序自动调用、刀具防错、自适应加工、自动机内测量和线内检测、自动清洗、生产线集成管控等功能,极大提高了柔性化、智能化水平和集成管控能力。

通过建立工艺设计模板、标准刀具库和参数库等,提高了工艺设计的效率和准确性。通过建立刀具防错、工装防错机制,并运用各类特征测量功能,提高了加工过程中的精准加工和精准防错能力。通过生产管控系统的生产线指令、状态参数管理,以及 MDC 系统数控设备的加工过程和参数状态采集分析,实现了设备互联互通和状态参数的采集监控。通过采用柔性生产线技术,数控设备加工效率显著提升。实际结果表明,生产线内数控机床加工效率由原来的 30% 左右提升到 80% 以上。直升机零件典型柔性智能生产线如图 3.38 所示。

图 3.38　直升机零件典型柔性智能生产线

3.6.2　自适应加工技术

直升机零件数控加工过程是一个复杂的材料去除过程,涉及很多因素,如零件结构的加工热变形、弹性变形,加工系统(机床、刀具等)的振动,加工过程中材料切削状态不稳定、切削量不均匀、刀具磨损状态、刀具锋利度、零件的材料硬度变化和冷却条件变化等,即使编制精确的数控代码程序,经过试验件加工验证了其正确性,但当以上因素发生变化时,由于数控机床不能根据工况进行适应性的自动调节,因此不一定能加工出合格的产品,更不用说加工出尺寸状态相近的零件,而且这些因素的变化使零件加工后的尺寸精度和表面粗糙度达不到规定要求,机床和刀具在加工过程中经常受到异常的冲击和磨损,使机床和刀具的使用寿命大大损耗。在实际加工中还存在为保证零件加工精度,操作者以最保守的工艺参数加工零件,造成加工效率低下、数控设备的加工能力得不到充分的发挥;由于操作者的人为干预,不同的操作者经验不同,加工出的零件质量、工时等存在巨大差异。这些因素都是制约数控加工技术发展、阻碍数控加工效率发挥、造成生产瓶颈的重要因素,迫切需要采用更有效的技术对这种状况进行改善,而自适应智能加工技术的出现、发展、成熟,并在航空制造业中逐步推广应用,为提高数控加工整体能力和效率开辟了一条有效途径。

自适应智能加工的原理是根据加工工况,对进给速度进行适应性的调整。在数控机床自适应加工系统的监控下,进给率可以随着实际切削条件的不同进行瞬时的调整。其工作原理是在数控加工工程中以极短(如 0.1 s 甚至更短时间内)的采集频率,通过监测机床主轴的负载功率变换,并通过判断系统对采集的主轴负载信号和相应的刀具、零件材料数据进行分析处理,实时计算出机床最佳的进给速度,并将该速度施加到当前的加工动作中,从而提高加工效率,并为加工过程中提供稳定、连续和自动的功率控制,达到切削量大时降低进给、切削量小时加快进给的目的。由于自适应加工系统功能的优越性和显著的应用效果,其逐步被航空制造业接受。自适应加工系统优化如图 3.39 所示。

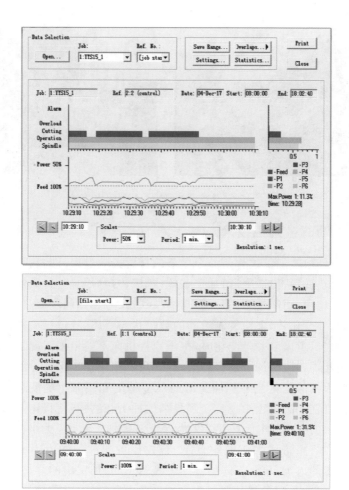

图 3.39　自适应加工系统优化

　　目前自适应智能加工技术可以做到加工过程中的刀具损坏保护、刀具的损坏检测、刀具过载检测、刀具寿命的延长、切削功率的监测、刀具性能统计数据和切削液监测等。先进的自适应智能加工技术对于提高直升机各类机械加工零件有很大的作用,是未来切削加工的重要应用技术。

3.6.3　电解加工技术

　　随着直升机设计和制造技术的发展,直升机的一些主承力件和次承力件呈现出轻量化、高强度化和整体化设计的趋势。为满足高强度化应用要求,高温合金、钛合金等比强度大的材料受到广泛应用,这类材料属于难加工材料,材料硬度高、韧性大,采用常规切削加工工艺切削性能差,刀具磨损快,加工效率低,制造成本高,加工周期长。另外,在整体化设计过程中,零件的整体结构越来越复杂,加工区域可达性差,对于超长、薄壁零件,存在加工变形难以控制等难题,因此传统的切削加工工艺难以满足此类零件结构加工的需要。由于电解加工技术在高硬度、薄壁、整体复杂结构和微小孔等特征的结构零件加工方面有一定的优势,在航空发动机制造领域一些特定的难加工零件上较早得到应用,如发动机钛合金叶片、整体叶盘和机匣等零件,技术应用成熟度较高。随着直升机机身等结构复杂零件的加工需求越来越迫切,电解加工技术开始在直升机机身及旋翼系统零件制造中应用。

电解加工属于冷加工技术,是利用电化学阳极溶解的原理,并借助成形的阴极,将零件按照一定形状和尺寸加工成形的一种加工方法。电解加工技术有以下工艺特点。

(1)可加工的材料范围广泛。能够加工任意高硬度、高强度和高韧性的导电材料。

(2)加工效率较高。通过改进电极设计,大尺寸的电极可以快速完成所要成形的结构,加工效率很高。

(3)电极损耗小。电解加工采用电化学反应的方式去除材料,属于非接触式加工,因此在正常加工状态下,工具电极几乎没有材料损耗。

(4)加工变形小。由于电解加工是非接触切削,不存在切削力,因此不会产生零件变形和切削塑性变形层。

(5)表面完整性好。由于电解加工过程中不产生切削热,因此加工表面不会出现重铸层和热影响区。

(6)加工精度高。电解加工精度与常规切削加工精度基本相当,表面粗糙度 Ra 能够达到 $1.25 \sim 0.2\ \mu m$。

电解加工技术在应用时存在以下控制问题。

(1)复杂结构零件的电解流场设计及电解流场控制问题,可能出现因流场突变、加工间隙流场分布不均、电解液流量控制参数不稳定等原因导致的流纹、腐蚀、黑斑、烧伤甚至电极短路等问题出现,工艺稳定性较差。

(2)对电极的设计结构和制造精度要求高,加工间隙控制困难。

(3)零件的电解加工需要专用的工装夹具和工具电极,设计、制造和维修成本较高,准备周期较长。

另外,除电解加工本身外,采用电解加工技术的零件通常结构复杂,对电解加工质量的检测也是一项难题。

对电解加工工艺过程及零件质量的控制主要包括以下内容。

（1）采用样件加工方式按相应标准进行表面组织检验。

（2）严格按照电解加工工艺控制过程及参数要求进行加工。

（3）目视检查加工完成零件的外观表面，不应有需要避免的各类工艺缺陷。

（4）按要求进行表面粗糙度检验。

（5）采用坐标测量机、卡尺和量规等常规检查工具对电解形成的尺寸进行常规检验，对于常规手段难以检查的尺寸，可采用激光扫描等技术进行检验，确保零件加工制造结果的符合性。

3.6.4 激光冲击强化技术

激光冲击强化是利用强脉冲激光诱导的冲击波使材料表面产生塑性变形，并获得表面残余压应力层，从而提高疲劳性能的表面强化技术，也称为激光喷丸、激光冲击处理等。与现有的冷挤压、喷丸等金属材料表面强化技术相比，激光冲击强化技术具有非接触、无热影响区、可控性强和强化效果显著等突出优点。

20 世纪 90 年代，美国劳伦斯利弗莫尔国家实验室（Lawrence Livermore National Laboratory，LLNL）和通用电气公司（General Elecric Company，GE）、金属改性公司（Metal Improvement Company，MIC）等联合，深入开展了激光冲击强化技术的理论、工艺和设备的研究，使激光冲击强化技术获得了巨大发展，逐步走向实用。进入 21 世纪，激光冲击强化技术的应用取得了长足的进展，解决了激光冲击强化生产效率和可移动式生产等工业应用问题，实现了激光冲击强化技术的大规模工程化应用，广泛应用于航空发动机整体叶盘、叶片等的制造和修理中。

我国从 20 世纪 90 年代开始对激光冲击强化技术进行研究，主要开展理论探讨和针对钢材、铝合金等材料的试验研究。2008 年，中国人民解放军空军工程大学和西安天瑞达光电技术股份有限公司等开展了大量研究工作，研制出适合强化高温合金、钛合金等高强度材料的激光装置，并将激光器和运动平台进行了集成与控制，建立了我国第一条激光冲击强化应用示范线，用于叶片等零件的双面激光冲击强化，实现了激光冲击强化技术在航空制造领域的应用。

在直升机机体及旋翼系统金属零件制造中，对于需要提高金属结构表面的抗疲劳、耐磨损和抗腐蚀能力的应用，如桨毂中央件、机体承重框梁连接部位等，采用的表面改性工艺主要包括喷丸强化工艺、滚压和孔挤压工艺。与传统的强化技术相比，激光冲击强化技术具有能够产生高压高能的冲击压、超高应变率、激光参数、作用区域可以精确控制、可达性好、形成的冲击坑深度浅、基本不改变被处理零部件的粗糙度,以及可在室温、空气条件下进行,工艺过程清洁、无污染,是一种绿色、环保的表面强化方法等一系列优点。

由于激光冲击强化技术对铝合金、高温合金、不锈钢和钛合金具有良好的强化效果,并且具有与传统强化技术相比的显著优势。在直升机设计和制造过程中,随着国内激光冲击强化技术和装备的逐步成熟,采用该技术在直升机钛合金结构零件的孔及 R 区结构等典型部位的强化上开展了应用研究工作。随着激光冲击强化技术在直升机钛合金结构零件上的工程化应用,未来激光冲击强化技术在直升机制造领域将有极好的应用前景。

激光冲击强化工艺过程和零件质量的控制内容主要包括:采用试片/样件加工方式按相应标准进行外观质量、外形轮廓度、粗糙度、残余压应力和疲劳极限等指标进行检查。其中,残余压应力一般采用 X 射线装置进行,粗糙度检查一般采用粗糙度仪器;严格按照激光冲击强化工艺控制过程及参数要求进行强化加工,纪录必要的激光能量、光斑尺寸等工艺参数;对表面完整性进行检验,采用目视或不低于 5 倍的放大镜检查冲击强化区域是否完全覆盖,目视检查是否存在超过规定的烧蚀、层裂等冲击强化缺陷,必要时可采用不低于 5 倍的放大镜或其他工具、量具进行。

第4章

直升机复合材料构件制造技术

4.1 概　　述

4.1.1 直升机用复合材料定义

由两种及以上独立物理相通过复合工艺组合而成的新型材料称为复合材料。复合材料既能保留原组分材料的主要特点，又通过复合获得原组分材料所不具备的性能。可以通过材料设计使各组分的性能相互补充且彼此联系，从而获得新的优越性能。

按基体不同，复合材料可分为树脂基复合材料、金属基复合材料、陶瓷基复合材料和碳-碳复合材料。按增强体不同，复合材料可分为连续纤维增强和非连续纤维增强。非连续纤维增强包括短纤维、颗粒和晶须增强，其强度与基体接近，增强体的加入主要是弥补基体材料的某些欠缺，如提高其刚度、耐磨性和高温性能等。

直升机旋翼及机体结构一般采用合成树脂作为基体材料，高性能纤维及其织物作为增强材料，由树脂基复合材料制造而成。其中，高性能纤维的高强度、高模量特性使其成为主要的承载体，但增强纤维必须依靠具有一定黏接性的基体材料牢固地黏接起来，形成一个整体，才具有共同承载的能力。同时，基体材料起到使外加载荷均匀分布，并传递给纤维的作用。因此，在复合材料中，增强材料与基体材料各自的优点都得到充分发挥。树脂基复合材料优越的综合性能已经广泛用于航空航天、国防、交通运输、造船、电子电气和化工等领域。

4.1.2　直升机用复合材料组成

4.1.2.1　预浸料

预浸料是由树脂与纤维复合制成含有一定树脂含量且未固化状态的一种原材料,是复合材料的中间产品,也是复合材料性能的基础,它的好坏直接关系复合材料构件的质量。按纤维排列形式,预浸料可分为单向预浸料、织物预浸料,如图 4.1 所示,织物预浸料还可以分为平纹织物、斜纹织物和缎纹织物等。预浸料的制造方法可分为热熔法、溶液法和粉末法等。本节按高性能纤维种类、树脂基体种类对其分类进行详细介绍。

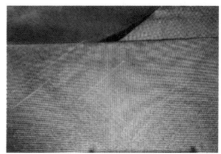

(a) 单向预浸料　　　　　　　　　　　　(b) 织物预浸料

图 4.1　单向及织物预浸料

1. 高性能纤维种类

根据美国国家航空航天局(NASA)的规定,增强体的比强度(拉伸强度/密度)、比模量(弹性模量/密度)分别在 6.5×10^6 cm、6.5×10^8 cm 以上的纤维称为高性能纤维,使用高性能纤维的材料称为先进复合材料。直升机常用高性能纤维包含碳纤维、玻璃纤维和芳纶纤维等。

碳纤维是指碳的质量分数占 90% 以上的纤维状碳材料,利用各种有机纤维在惰性气体中经高温状态碳化制得。有机化合物在惰性气体中加热到 $1\,000 \sim 3\,000$ ℃时,所有非碳原子将逐步被驱除,碳含量逐步增加,固相间发生脱氢、环化、交联和缩聚等化学反应,最终形成碳纤维。可用于制造碳纤维的原材料非常广泛,但习惯上只把有机物热分解制成的、实质上仅由碳构成的、直径为 $5 \sim 15$ μm 的纤维状物质称为碳纤维。根据碳纤维的性能与用途,一般有以下三种分类方法。

(1)按照碳纤维所用的原材料不同,可分为聚丙烯腈(polyacrylonitrile, PAN)基碳纤维、沥青基碳纤维、黏胶基碳纤维、聚酰亚胺基碳纤维、酚醛树脂基碳纤维、其他有机纤维基碳纤维等。

(2)按照碳纤维制造的条件和方法不同,可分为碳纤维、石墨纤维、活性碳纤维、氧化纤维、气相生长碳纤维等。

(3)按照碳纤维力学性能分类,可分为通用级碳纤维和高性能碳纤维,其中高性能碳纤维又细分为中强型、中模型、高模型和超高模型。

玻璃纤维以石英砂、石灰石、白云石和石蜡等为组分并配以纯碱、硼酸等,有时为简化工艺、获得预期性能,还适当掺入 TiO_2、ZrO_2、Al_2O_3 等氧化物制备各种玻璃后,经熔融窑熔化拉丝而成。玻璃纤维最广泛的制造方法为坩埚法拉丝和池窑漏板法拉丝。玻璃组成和拉丝工艺对纤维性能有较大影响。玻璃纤维主要特点是不燃、不腐烂、耐热、拉伸强度高、断裂伸长率较小、绝热性与化学稳定性好,具有良好的电绝缘性及低的热膨胀系数。玻璃纤维是最早用于制备树脂基复合材料的高性能纤维,其直径一般为 $5\sim20~\mu m$,直径越细,性能越好。商用玻璃纤维类型较多,其中 S-玻璃纤维又称为高强度玻璃纤维,是常用的航空复合材料高性能纤维,其拉伸强度为 $4.3\sim4.9$ GPa,弹性模量为 85 GPa,密度为 $2.491\,44$ g/cm³,纤维直径为 $7\sim12~\mu m$。

在 20 世纪 70 年代初期,杜邦公司推出的 Kevlar 芳纶是一种具有高拉伸模量和高强度的有机纤维,这是在先进复合材料中用作增强材料的第一种有机纤维。高聚物以对氨基甲酰氯盐酸、间氯基苯甲酰氯盐酸或对亚硫酰胺基苯酰氯为原料,在含氯化锂的有机极性溶剂中,经低温溶液缩聚而成,也可以以吡啶的 N-磷酸盐为催化剂,在含氯化锂的有机极性溶剂中,由对氨基苯甲酸直接缩聚而成。将所得高聚物溶液直接纺丝或将高聚物沉淀、分离制成粉末高聚物后,再溶于含有氯化锂的酰胺系列(如二甲基乙酰胺)中,配成各向异性纺丝液,再经干法纺丝、湿法纺丝或干湿法纺丝水洗干燥后,在 $500\sim600$ ℃热管张力作用下热处理得到纤维。芳纶纤维的密度为 1.44 g/cm³,比玻璃纤维的密度低 40% 左右,比常用碳纤维的密度低 20% 左右。芳纶不会融熔,在 500 ℃左右分解,具有高的热稳定性、介电性和化学性能,对脆性有明显的增韧作用。芳纶所用原材料不同,因此有多种牌号,其中芳纶 1414 的商品名叫凯夫拉,是产量最大、使用最多的芳纶纤维之一。

2.树脂基体种类

树脂是一个通用术语,用于表示聚合物、聚合物前驱体材料和/或混合物,以及其中含有各种添加剂或化学反应成分的配方。树脂的化学组成和物理性能从根本上影响复合材料的工艺、制造和最终性能。树脂化学组成、物理状态和形态方面的变化,以及树脂中存在杂质或污染物会影响操作性能、加工性能、单层/层压板性能、复合材料性能与长期耐久性。直升机常用树脂基体包含热固性树脂和热塑性树脂。

(1)热固性树脂。

分子链通过化学交联在一起,形成一个刚性三维网络结构的热固性树脂,在聚合过程中这种交联结构不能重复加工。直升机用热固性树脂包含环氧树脂、双马来酰亚胺树脂(简称双马树脂)。

环氧树脂是指分子结构中含有两个或两个以上的环氧基,并在适当的化学试剂存在下能形成三维网状固化物的化合物的总称。最早用于直升机结构的树脂基体特点是材料品种多;不同的固化剂和促进剂可获得从室温到 180 ℃的固化温度范围;有较高的力学性能;与各种纤维匹配型好;耐湿热;韧性优良;工艺性优良(铺覆性好、树脂黏度适中,流动性好、加压带宽等);适合大构件整体固化成形;价格便宜。由于环氧树脂具有良好的成形工艺性、杰出的韧性等特点,因此其在先进复合材料的树脂基体中占有重要地位。

双马树脂在 130～150 ℃湿热环境条件下具有较高的强度、刚度保持率;具有良好的抗冲击损伤能力;优越的工艺性能,并能适应大型构件与复杂型面构件的制造等。与环氧树脂相比,双马树脂主要表现为耐湿热性能优越,使用温度高;不足之处是其工艺性不如环氧树脂好,固化温度高(185 ℃以上开始固化),并要求在 200 ℃及以上温度下进行较长时间处理。

(2)热塑性树脂。

热塑性树脂是指在加热后变软或融化,加工成形冷却后再次变硬的高分子材料。与热固性树脂相比,热塑性树脂具有施工快、周期短、可以重复加工、储存周期长、韧性好、抗冲击和耐湿热等特点。直升机用热塑性树脂主要是耐高温、高性能的热塑性基体,包括聚醚醚酮、聚醚酮酮、聚苯硫醚和聚醚酰亚胺。热塑性树脂的成形和使用温度高于其玻璃化转变温度(T_g),经连续纤维增强后,热塑性复合材料的力学性能会有数倍甚至数十倍的提高。其中,由于无定形聚醚酰亚胺具有更低的加工温度及加工成本,比半结晶的聚苯硫醚和高成形温度的聚醚酮酮在结构件上的应用更多。常见热塑性树脂性能见表 4.1。

表 4.1　常见热塑性树脂性能

性能	聚醚醚酮	聚醚酰亚胺	聚苯硫醚	聚醚砜
密度/(g·cm⁻³)	1.3	1.3	1.43	1.37
T_g/℃	143	217	89	225
成形温度/℃	380~390	320~410	300~350	330~380
连续使用温度/℃	240	170	200~240	180~200
拉伸强度/MPa	94	104	84	90
拉伸模量/GPa	3.8	3.0	3.2	2.7
断裂伸长率/%	50	30~60	4	5~6

4.1.2.2　芯材

夹层结构是直升机的典型构件形式。选用适当的低密度芯材作夹芯,增加层板的厚度,以质量的微小增加获得板弯曲刚度的显著增长,同时提高板的弯曲强度。在弯曲载荷作用下的夹层件可以看作一个 I 梁,上蒙皮处于压缩状态,下蒙皮处于拉伸状态,芯材处于剪切状态,因此,芯材的剪切强度和剪切刚度是其最重要的性能之一。薄层蒙皮时,夹芯须能够承受压缩载荷,避免薄层蒙皮的皱折和破坏。直升机用芯材包含泡沫和蜂窝。

1.泡沫

泡沫是以气体充填的一种轻质聚合物材料,它实际上是由玻璃态或高弹态的多孔状聚合物与气体组成的两相体系,如图 4.2 所示。泡沫夹层结构具有绝热、隔音和减震等特性,可用来制造飞行器的绝热、隔音壁板和减震装置。此外,泡沫夹层结构还具有良好的介电性能,可用来制造各种雷达天线罩。直升机常用泡沫为聚氨酯泡沫和聚甲基丙烯酰胺泡沫。其中聚氨酯泡沫力学性能一般,其在树脂/芯材界面处有随着时间劣化的倾向,致使蒙皮/芯材之间分层,但聚氨酯泡沫能用在承受载荷比较小的夹层件中,容易切割;对于给定的密度,聚甲基丙烯酰胺泡沫具有最高的强度、刚度和良好的尺寸稳定性。

图 4.2　加工后密封保存的泡沫

2. 蜂窝

蜂窝是用浸渍树脂胶液的片材(如纸、玻璃布和金属片等)做成的类似蜂窝状结构。按蜂窝骨架材料可分为纸蜂窝和铝蜂窝,如图 4.3 所示。按蜂窝容重可分为低密度蜂窝和高密度蜂窝。按蜂窝的孔格形状可分为正六角形蜂窝、矩形蜂窝(过拉伸蜂窝)、柔性蜂窝等。蜂窝的密度可变范围很大,可以根据设计要求调整蜂窝材质、格孔大小、壁厚、高度和树脂含量等,制造出各种密度的蜂窝。蜂窝密度不同,其力学性能也不一样;对于同一种蜂窝,一般是随着密度的增加,其力学性能增高。直升机常用蜂窝为纸蜂窝,又称为 Nomex 蜂窝,以凯夫拉纤维为原料,制成的纸蜂窝浸渍到酚醛树脂中,制成具有高强度和耐热性能的蜂窝芯。

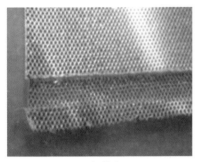
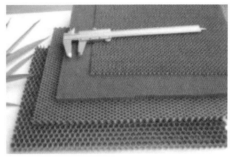

(a) 铝蜂窝　　　　　　　　　　　　(b) 纸蜂窝

图 4.3　铝蜂窝及纸蜂窝

4.1.2.3　胶黏剂

胶黏剂(或黏接剂、黏合剂)是指靠一薄膜(层)将一物体与另一物体的表面紧密地连接起来,起着传递应力的作用和满足一定的物理、化学性能要求的非金属物质,简称胶。在直升机构件制造过程中,胶黏剂可以有多种用途,如作为结构胶膜黏接蜂窝与蒙皮,如图 4.4 所示;作为膨胀胶膜黏接芯材,如图 4.5 所示;作为灌封胶加强芯材区域强度,如图 4.6 所示。

(a) 结构胶膜固化前　　　　　　　　(b) 结构胶膜黏接蜂窝与蒙皮

图 4.4　结构胶膜固化前后

(a) 膨胀胶膜固化前   (b) 膨胀胶膜黏接芯材

图 4.5 膨胀胶膜固化前后

图 4.6 灌封胶固化后

4.1.3 直升机用复合材料优缺点

4.1.3.1 直升机用复合材料优点

1. 比强度、比模量高

树脂基复合材料的突出优点是比强度、比模量高。比强度或比模量是材料的强度或模量与密度的比值。在质量相等的前提下，比强度或比模量是衡量材料承载能力和刚度特性的指标。表 4.2 为常用航空材料基本性能参数。树脂基复合材料的比强度和比模量远高于其他结构材料，因此在相同强度和模量下，采用树脂基复合材料可以大幅减轻产品的结构质量。

表 4.2　常用航空材料基本性能参数

材料	密度 /(g·cm^{-3})	拉伸强度 /GPa	弹性模量 /×10^2 GPa	比强度 /×10^6 cm	比模量 /×10^6 cm
钢	7.8	1.03	2.1	1.3	2.7
铝合金	2.8	0.47	0.75	1.7	2.6
钛合金	4.5	0.96	1.14	2.1	2.5
玻璃纤维/环氧复合材料	2.0	1.06	0.4	5.3	2.0
碳纤维/环氧复合材料	1.45	1.50	1.4	10.3	9.7

2.可设计性好

不同于金属材料,纤维复合材料的一个突出特点是各向异性,因此其能够进行性能的设计。纤维复合材料的力学、物理性能除了与纤维、树脂的种类和体积分数有关外,还与纤维的排列方向、铺层次序和层数密切相关。因此可以根据工程结构的载荷分布和使用条件的不同,选取相应的材料和铺层设计满足既定要求,利用这一特点可以实现制件的优化设计,做到安全可靠、经济合理。

3.耐疲劳性能好

金属的疲劳破坏常常是由主裂纹的失稳扩展而突然发生的,没有明显预兆。复合材料中纤维与基体的界面能阻止裂纹的扩展,其破坏需要经历基体开裂、界面脱黏、纤维拔出和断裂等一系列损伤的发展过程,破坏前有明显的预兆。此外,纤维复合材料具有较好的抗声震疲劳性能,用纤维复合材料制成的桨叶的疲劳寿命比金属的疲劳寿命长数倍,大多数金属的疲劳强度极限是其拉伸强度的40%~50%,而某些纤维复合材料的疲劳强度极限可达其拉伸强度的70%~80%。

4.破损安全性能高

复合材料基体中有大量独立的纤维,是力学上典型的静不定体系。当少数纤维发生断裂时,其失去的载荷会通过基体的传递迅速分散到其他完好的纤维上,复合材料在短期内不会因此而丧失承载能力,内部有缺陷、裂纹时也不会突然发展而断裂。

5.减震性能好

复合材料的纤维与基体的界面具有吸收震动能量的能力,因此复合材料的震动阻尼较大。根据对相同形状和尺寸的梁进行试验得知,轻合金的梁需要 9 s 才能停止震动,碳纤维复合材料的梁仅需 2.5 s 就能停止。

6.工艺性好

复合材料零件的制造工艺简单,适合整体成形。可以根据复合材料零件的要求和施工条件,合理选择成形工艺,并且生产工艺装备简单,可现场制造,缩短了成形周期,提高效率。

7.其他

除此之外,树脂基复合材料具有优异的电绝缘性能和高频介电性能、良好的摩擦性能、优良的耐腐蚀性能,某些材料还具有特殊的光学、电学和磁学性能。

4.1.3.2 直升机用复合材料缺点

与金属材料相比,相同质量下复合材料的成本比金属材料的成本高 5~20 倍。虽然采用拉挤、液体成形、缠绕等自动化工艺可以达到 100~20 000 件/天的要求,但针对直升机用复合材料构件,依托成形工装的真空袋—热压罐法批量化生产产量较低。同时,金属材料的设计与加工有大量的设计手册、机械手册和数据库作为设计依据,复合材料方面的设计依据则相对偏少,我国金属结构"等效替代"设计的思想仍然占据主导地位,并且侧重在非承力、次承力等刚度设计为主的结构上应用,复合材料结构的减重效益不明显,其结构设计理念仍然偏于保守。此外,复合材料使用温度受限,耐溶剂、化学、环境应力开裂依赖树脂体系,吸水性高影响复合材料性能及尺寸稳定性等制约着其在直升机构件上的拓展应用。

4.1.4 复合材料在直升机上的应用现状

直升机主要应用环境为湿/热、干/寒、沙尘/雨淋、海水等恶劣环境条件,具备优良的耐候性、耐蚀性的复合材料是直升机环境适应性设计的必然选择。纵观近代直升机的发展进程,直升机经历了两次重大技术飞跃,其中之一是 20 世纪 70 年代复合材料的应用,在先进直升机的旋翼系统、机身结构中均有复合材料的应用,复合材料的占比已成为衡量新一代直升机先进水平的重要标志。国外直升机复合材料的占比逐年提升,其中 RAH-66 科曼奇直升机机体大量选用夹层结构复合材料,全机复合材料用量占总用量的 50% 以上;作为全复合材料机体直升机的典型代表,NH-90 复合材料用量占总用量的 95%,仅动力舱平台及其隔板采用金属件,其余全部采用碳纤维、芳纶复合材料构件,优点是零件数量减少 20%,质量减轻 15%,生产成本降低 10%;空客直升机公司研制的 H160 直升机是世界首架全复合材料民用直升机,在动力舱罩、前机身、尾梁和垂尾等结构使用了复合材料,极大降低了机身质量,提升了直升机的整体性能;贝尔直升机公司研制的 V－280 倾转旋翼直升机在 V－22 基础上大量应用了包括热塑性材料在内的复合材料,主要结构件均为复合材料。

　　我国于 20 世纪 60 年代开展了碳纤维复合材料研究。1980 年引进法国 SA365"海豚"型直升机并对其进行国产化改造,从而完成了 H425 型直升机的研制。H425 型直升机的复合材料用量达到了总用量的 34% 左右,其旋翼、涵道垂尾、尾桨叶和机身等部件均由复合材料制造,如图 4.7 所示。随着我国树脂基复合材料工作的开展,逐渐建立起完整的复合材料产业链,解决了原材料不能自给的困境。基于材料的设计、制造和无损检测技术也随之迅速发展,直接推动了树脂基复合材料在国产直升机上的应用。目前我国直升机复合材料用量已接近 50%,在斜梁、整流罩、蒙皮、尾梁和舱罩等结构都选用复合材料。

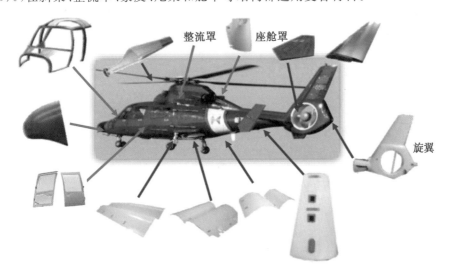

图 4.7　H425 直升机复合材料部件

4.2　直升机桨叶通用制造技术

4.2.1　桨叶结构简介

　　复合材料桨叶一般由蒙皮、大梁、内腔填芯块及前缘包片、后缘条、前缘配重等结构件构成。复合材料桨叶按大梁剖面型式可以分为 C 形梁桨叶、D 形梁桨叶,其结构如图 4.8、图 4.9 所示。

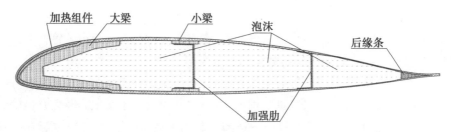

图 4.8 C 形梁桨叶结构

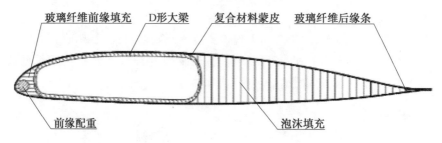

图 4.9 D 形梁桨叶结构

4.2.2 桨叶制造工艺

复合材料桨叶采用闭合模具模压固化成形。模压成形工艺可分为桨叶内部
零件制备、零件表面准备和模压桨叶成形,工艺流程如图 4.10 所示。

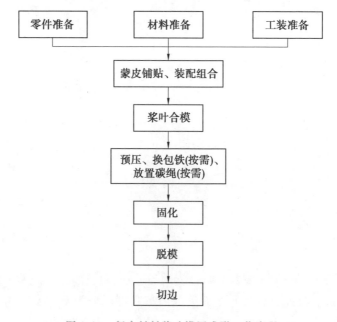

图 4.10 复合材料桨叶模压成形工艺流程

4.2.3　零件准备

4.2.3.1　金属零件加工及表面准备

前缘包铁、衬套、调整片和金属配重等金属零件应按照图纸要求的尺寸进行加工,并标示产品图号。模压桨叶需要的零件按图纸要求进行表面处理,表面处理一般包括酸洗、喷砂处理和涂底胶等,严格按照表面处理后规定的时间内涂底胶保护。

4.2.3.2　模压桨叶配套件准备

模压桨叶之前需要准备的配套件主要有接头填块、桨根堵盖和配重支座等。配套件制造应使用专用模具进行预成形,按规定的固化参数进行固化。配套件应在成形后对零件进行吹砂等表面处理,表面处理后的零件按需可密封在塑料袋中待用。

4.2.3.3　预浸大梁带缠绕

将粗纱预浸带使用缠绕机进行大梁带的缠绕,要求如下。

(1)缠绕前需检查大梁带料盘的卷芯规格,应与相应型号的大梁带宽度匹配。

(2)缠绕前需检查缠绕梭块,确保能缠绕相应型号的大梁带。

(3)缠绕头压辊压紧力为 250 N,可调。

(4)缠绕张力为 130 N,可调。

(5)保证大梁带缠绕后侧表面无凹凸不平整现象,大梁带内部紧实,相邻纤维预浸带叠层间无折叠或空隙,大梁带纤维无扭曲缺陷。

4.2.3.4　泡沫准备

泡沫准备工作包括泡沫烘干、泡沫数控加工和泡沫拼接等。

1.泡沫烘干

使用固化炉对泡沫进行烘干处理,烘干参数按相应材料规范执行,烘干过程中允许用平板工装或重物加压,防止泡沫变形。

2.泡沫数控加工

泡沫数控加工包括工艺准备、数控加工、修磨与修整、检测和包装与标记,如图 4.11 所示。

(1)工艺准备。

加工前需对泡沫毛坯进行外观检查,应无严重凹凸和变形。确保零件表面清洁,无损伤或自来水、油脂、灰尘等其他外来物的污染。

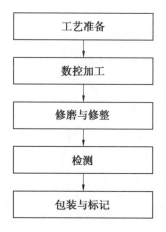

图 4.11　泡沫数控加工流程

　　加工前检查毛坯干燥情况、除湿记录,未加工的毛坯应使用防潮密封袋密封包装。

　　(2)数控加工。

　　泡沫数控加工分为泡沫上型面加工和泡沫下型面加工。泡沫数控加工时,上、下型面应各增加一定厚度作为过盈量,以便模压时提供一定压力,确保桨叶的模压质量。对于较长而分段加工的泡沫芯零件,需标识出分段号或工艺号。

　　(3)修磨与修整。

　　先用手工锯条按数控加工出来的分离面划开,锯条使用前用甲乙酮擦净并晾干,然后使用同种材料的泡沫块对切割面打光。

　　(4)检测。

　　泡沫的检测包括目视检测、三坐标检测和检测工装检测。目视检测指检查表面是否有缺陷,检查前要将泡沫表面灰尘清理干净;三坐标检测指用零件测量程序自动测量零件的轮廓外形尺寸;检测工装检测指使用检测工装检查零件型面,要求间隙单面不大于 0.2 mm。

　　(5)包装与标记。

　　①单块泡沫要独立包装。

　　②加工完成后用吸尘器去除零件表面粉尘,并立即装入聚乙烯或铝箔复塑袋中封口。

　　③检验后立即装袋封口。

　　④包装好的零件存放时不能压重物。

　　⑤将产品图号、产品编号和组套号写在标签上,并与零件同时周转。

3. 泡沫拼接

泡沫芯外形检测合格后才可使用。用吸尘器去除泡沫填芯块表面的残渣和灰尘。

对于需要进行预成形的泡沫,将泡沫填芯块与加强肋放入泡沫拼接模具内预先组装在一起,按需进行常温定型或者加热到一定温度预成形。

对于较长而分段加工的泡沫填芯块,模压桨叶装配前,建议分段加工泡沫芯沿长度方向使用胶黏剂对接;模压桨叶装配时,建议不同图号泡沫芯沿长度方向使用胶膜对接。

4.2.4　材料准备

4.2.4.1　材料解冻

从低温存放条件下取出后到恢复至环境温度的过程中,预浸料、胶膜和玻璃纤维预浸料等低温材料应在控制污染区内恢复至环境温度,同时保持包装密封。当外包装膜擦干后无冷凝水产生时方能打开包装使用。

从低温库中取出后,材料应在 18～24 ℃ 保持密封状态,直到全部达到室温,在袋外无潮气形成。低温贮存完整的主要材料在打开包装前应在洁净间内放置不少于 6 h。若预浸料从袋内取出后或在使用过程中有潮湿的迹象,则材料应拒收。散卷或直径较小的包装在打开前可适当缩短停放时间,但应确定外包装不再有冷凝水产生时方可开封。

材料从低温库取出时开始算起,直至材料再回低温库时为止,累计扣除室温有效期。

将不投产使用的大梁带放入放置盒内,放置盒端头用胶带固定,标记无纬带的序号、浸胶日期,用帆布袋封装以待保存。放置于 -18 ℃ 冷库中保存,严格控制保存期。

4.2.4.2　预浸料下料

预浸料使用数控下料机进行下料,同时依据工艺文件要求运行相应下料程序进行下料;检查料块与流程卡的一致性,包括料块数量、料块信息等。

4.2.4.3　料块储存

剪裁好的预浸料料块不直接投入使用时,应密封后放入低温库中待用,并将其平铺或卷起放在指定位置,不允许将料块进行折叠,避免形成死褶;尽量缩短暴露时间,确保预浸料在操作寿命(适用期)内使用。

4.2.5 工装准备

1. 检查工装是否符合要求

用丁酮擦洗工装表面,确保工装表面清洁、无油脂;检查工装标识线是否准确。

2. 表面准备

工装表面需要涂刷脱模剂,对脱模剂要求如下。

(1)新工装或返修后的工装首次使用脱模剂,先在模具表面均匀地涂上第一层脱模剂,在室温下干燥 20 min。如果模具加热温度不小于 40 ℃时干燥 10 min;第二层与第一层交叉(90°)涂上,在室温下干燥 20 min。如果模具加热温度不小于 40 ℃时干燥 10 min;第三层与第二层交叉(90°)涂上,在室温下干燥 20 min。如果模具加热温度不小于 40 ℃时干燥 10 min。

(2)对于重复使用的工装,在模具表面涂一遍或一遍以上,铺层开始前允许在室温下干燥 40 min,如果模具加热温度不小于 40 ℃时干燥 20 min。

4.2.6 蒙皮铺贴、装配组合

4.2.6.1 蒙皮铺贴

桨叶蒙皮按图纸要求分别铺贴在成形模的上、下模,同时按工程文件规定的铺层方向铺贴。铺贴过程中,预浸料应按规定的铺层方向一层压一层地铺贴,并尽量排出空气。如果预浸料有双面保护膜,铺第二层时保留它最外面的保护膜,在下一层铺贴之前除去。铺贴操作时,应特别注意防止遗留下的保护膜或衬纸混合到零件中;在铺贴过程中避免裹入空气和纤维起皱。为了达到此要求,使用无纬带专用刮板,沿纤维的平行方向或织物的径向梳理,禁止使用特氟隆刮板。应逐层铺贴、逐层检查、逐层记录,同时应进行真空压实,提高铺贴质量和排除气泡。

铺贴完成后,可以对坯料余量外部分进行简单修整,修整不能触及工艺要求之内的部分。为了更好的保证铺贴质量一致性和提高手工铺层的效率,建议选用激光定位仪或类似功能的设备。

4.2.6.2 装配组合

在成形模的下模放置预制配套件、桨叶大梁、泡沫填芯块/拼接后的泡沫组件、前缘大梁、后缘条等。

1.预制配套件

预制配套件表面贴胶膜,胶膜比较硬时可用电吹风加热软化胶膜。

2.桨叶大梁

桨叶大梁为缠绕后的大梁带,梳理大梁带走向,应与成形模前缘平行并拉直,严格控制大梁带的内腔节点位置,保证其弦向位置满足图样要求,同时有以下要求。

（1）大梁带铺放时,应使玻璃纤维伸直,从而均匀受力。

（2）大梁带的铺放应与成形模前缘平行并拉直。

（3）以桨叶成形模为基准,依据定位样板对大梁带进行造型,使大梁带与定位样板无间隙。

（4）目视检查接头填块应与大梁带贴合无缝隙。

（5）在铺放过程中避免裹入空气和纤维起皱。为了达到此要求,使用无污染和损伤大梁带的专用刮板,沿纤维的平行方向梳理。

3.泡沫芯/拼接后的泡沫组件

泡沫芯/拼接后的泡沫组件必须严格定位,以防止泡沫芯弦向滑动而影响桨叶的特性。

4.前缘大梁、后缘条

桨叶前缘大梁按照图纸要求的位置和填充量进行预浸带的铺放,预浸带走向应与成形模前缘平行并拉直。桨叶后缘条按照图纸要求的位置和填充量进行后缘条的铺放,要求压实。

4.2.7　桨叶合模

在桨叶合模前需要检查蒙皮铺层情况、内部填充件位置、桨根衬套定位是否准确、模具分模面是否有异物等,将上模平移翻转使之与下模合模并安装到位。

4.2.8　预压、换包铁（按需）、放置碳绳（按需）

按选择预压的方式,一般可选用液压或上模自重预压。

根据图纸规定,在桨叶前缘蒙皮表面上放一股碳绳,然后安装前缘包铁。

4.2.9　固化

固化周期按照相应的产品图样和材料规范执行。固化工艺参数（温度、压力、时间和加压时机）应符合工艺文件的要求,并应记录完成,存档备查。加热升温速率不大于 3 ℃/min,冷却降温速率不大于 2 ℃/min。

4.2.10 脱模

卸掉成形模压力,打开模具,取出零件,清理表面胶瘤及多余物。

4.2.11 切边

在不具备桨叶切边数控加工的情况下,切边可采用风动切割工具手工切割,根据桨叶上的切割线对桨叶后缘进行切割,切边后需用砂纸打磨。

具备桨叶切边数控加工设备后,桨叶的后缘切边可采用自动切边,自动切边设备和程序使用前需进行验证,验证合格后方可应用到桨叶上。

4.3 直升机机体结构通用成形技术

直升机机体结构通用成形技术主要包括真空袋成形技术、模压成形技术、软模成形技术、共固化成形技术和湿法成形技术。本节根据工艺流程阐述通用成形技术的控制要求和方法。真空袋成形典型工艺流程如图 4.12 所示。模压成形典型工艺流程如图 4.13 所示。

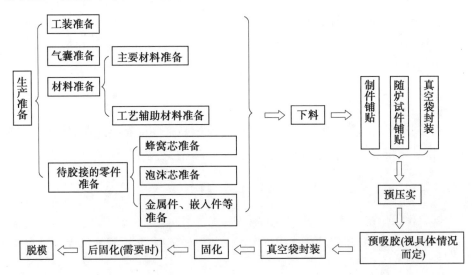

图 4.12 真空袋成形典型工艺流程

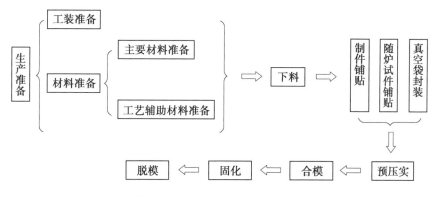

图 4.13　模压成形典型工艺流程

4.3.1　直升机机体结构复合材料构件成形设备要求

直升机机体结构复合材料构件成形设备一般涉及自动下料机、激光投影仪、热压罐、固化炉、热压床和低温储藏设备等。

直升机机体结构复合材料构件成形设备及相关设施应在零件制造之前完成确认，得到批准，并按要求定期检查和维护，在有效期内允许使用。

4.3.1.1　热压罐

热压罐根据使用要求分为常规热压罐(最高工作温度不大于 250 ℃、最高使用压力不大于 1.2 MPa)和高温高压热压罐。热压罐需满足以下几方面要求。

(1)热压罐内部应干净清洁，没有污垢、杂质、油脂或任何对结构成形有损害的物质。

(2)热压罐以循环空气或惰性气体进行加热。如果热压罐内使用易燃材料或固化温度高于 120 ℃时，必须使用浓度不低于 90% 的惰性气体加热，推荐使用 N_2。

(3)温度和压力仪表可由计算机集成系统替代，但集成系统的精度和校验周期与仪表要求一致且验证合格。

(4)罐门应有独立支撑系统，罐门关闭后应能密封，并具有掉电保压功能。

(5)温度控制和记录仪表能自动绘制整个工艺过程的温度—时间曲线。

(6)热压罐应安装过压和高温预警装置。

(7)一般的压力操作范围为 $-0.095 \sim 1.04$ MPa，固化温度范围为 $50 \sim 230$ ℃，升降温速率为 $0.16 \sim 5$ ℃/min，连续可调。满载的装载量不得超过装载试验时的装载量。热压罐温度设置点最大温差不大于 3 ℃。温度均匀性为 ±5 ℃，系统精度为 ±1.1 ℃或读数的 0.2%；

(8)用于温度均匀性和系统精度测试的热电偶应使用直径为0.8 mm或更细的线。热电偶的校验合格是指在40～230 ℃的温度或引用的工艺规范允许的最低温度和最高温度,或者更大温度范围内要求精度在±1.1 ℃。热电偶的绝缘体应无孔且具有良好的耐压性能。

(9)温度应在整个固化过程中被连续记录。至少每6 min记录一次,可以记录多次。在正常的试验操作过程中,导线、接连盒和记录仪的系统精度应在±3 ℃之内。

(10)在整个固化过程中应保证固化零件的真空袋内压力和罐内压力得到监控,热压罐内的压力波动值在±0.03 MPa内。

(11)真空袋内压力在-0.09～0.2 MPa范围内的精度见表4.3。

表4.3 压力控制精度范围

序号	压力范围/MPa	控制精度/MPa
1	-0.09～0	±0.005
2	0～0.2	±0.007

(12)在整个固化过程中,需要使用一个或者两个压力记录仪器连续记录热压罐内压力,其控制精度范围见表4.4。

表4.4 压力控制精度范围

序号	压力范围	记录精度
1	0～0.69 MPa	±0.014 MPa
2	0.69 MPa以上	整个读数的2%

注:压力刻度值每格不应超过0.035 MPa。

(13)热压罐内的袋内真空压力系统应保持气密、无渗漏,并且有单独接通大气的管路。

(14)热压罐在满载的情况下能够按要求对温度进行连续记录,控温仪准确度的等级不低于0.1级,记录仪准确度等级不低于0.2级,记录纸的记录分辨率不低于1.1 ℃/mm。

(15)在整个固化周期中,升温、恒温和降温时间都应被监控和记录,记录的精度应在实际固化时间的±2%之内。

4.3.1.2 固化炉

固化炉内部应清洁,没有杂质、油或任何影响胶接强度的物质。固化炉需满足以下几方面要求。

(1)一般的压力操作范围为不小于 0.05 MPa 的真空压力,固化温度范围为 50～230 ℃,升温速率为 0～4 ℃/min,降温速率为 1～4 ℃/min。

(2)固化炉应配有温度监控、控制和记录的系统,在整个固化过程中保证固化零件的真空袋内压力得到监控。

(3)按要求对固化参数(温度、真空压力、保温时间和升温速率等)实行监控、记录及验证,对每个热电偶的检测记录时间间隔不超过 2 min。

(4)温度均匀性为±5 ℃,系统精度为±1.1 ℃或读数的 0.2%。

(5)温度自动记录仪应能自动绘制整个工艺过程的温度-时间曲线。

(6)固化炉需配装真空泵或压力系统,相对真空度应不低于-0.095 MPa。

4.3.1.3　自动下料机

(1)最大下料厚度不小于 1 mm;裁切精度为±1 mm;裁头定位精度为±0.8 mm;裁头重复定位精度为±0.5 mm;最大切割速度大于为 1 m/s,连续可调。

(2)裁片方向公差应在所适用的工艺规范或工程图样范围内(不大于±1°)。

(3)切割的裁片尺寸应大于要求的尺寸,并且在 2.5 mm 的范围内。

(4)切割操作不应出现工艺规范不允许的预浸料污染、褶皱或屈曲。

(5)裁片上应包含料片标识、基准点和料片方向等信息,下料料片如图 4.14 所示。

4.3.1.4　激光投影仪

(1)投影仪有效投影距离不小于 5 m;激光最大输出功率不大于 5 mW;激光投影使用线宽为 0.5～2 mm 可调。

(2)激光投影铺层定位仪应该带有工装定位系统(靶标头)。

(3)投影线在整个工作区的最大宽度为 1.9 mm。

(4)所有投影线的中心应在预设线的±0.76 mm 范围内。

4.3.1.5　低温储藏设备

低温储藏设备包括冷库或工业用冷柜等保持低温设备,低温储藏设备应能满足材料的低温储藏要求。

(1)所有制冷设备应配有一个温度控制器。此温度控制器不适用于液氮、干冰/液冷容器。所有制冷设备应配备一个温度记录仪表,要求给出在温度(最低温度、最高温度或两者)下的时间。除非另有规定,否则在低于环境温度下运输材料期间上述要求不适用。

(2)系统精度最大允许为±2.8 ℃。

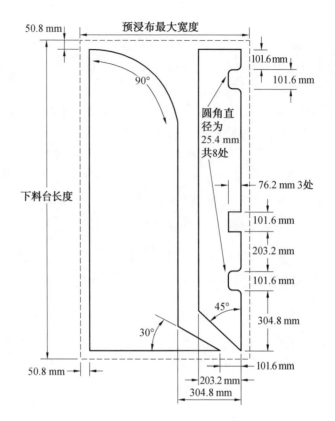

图 4.14 下料料片

（3）对于冷藏设备上的模拟仪表的分辨率要求：记录纸每厘米最大分辨率为 33 ℃/cm，图表记录每格最大分辨率为 3 ℃/格。

4.3.1.6 热压床

温度均匀性为±5 ℃，系统精度最大允许为±1.1 ℃。

4.3.1.7 工装

复合材料工艺装备（简称复材工装）是保障直升机复合材料零件的成形、胶接的工装。按复合材料零件成形、修整、胶接装配的工艺环节，复材工装对应分为零件成形模、手工切钻模、胶接装配夹具、硅胶模和过渡模等。其中，零件成形模使用数量占比最大、设计质量直接影响复合材料零件成形及后续与机体的装配协调。按材质及结构形式，复材工装可分为复合材料整体模体式/组合式成形模、钢/铝单体成形模、钢/铝组合式成形模、钢/铝辊型薄壳式模体成形模、自加温式旋翼成形模等。按成形设备，复材工装可分为热压罐、热压床等。

1.金属成形模

金属材料制造的成形模是成形复合材料产品最常用的模具形式,可分为实体单模结构、组合模块结构和薄壳式辊型结构等形式。

①实体单模结构金属成形模是基础的成形膜结构,由单模体和框架组成,具有结构简单、便于加工的优点,适用于结构简单、曲率较小的复合材料产品。

②组合模块结构金属成形模由分块模体和框架组成,考虑起模、受热等问题,将模体分成几个模块,模块之间通过螺栓和销连接,适用于局部曲率较大、空间狭小的复合材料产品,如图 4.15(a)所示。

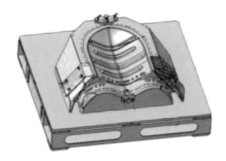 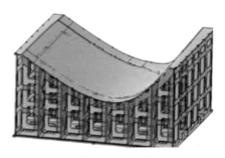

(a) 组合模块结构　　　　　　　　(b) 薄壳式辊型结构

图 4.15　金属成形模

③薄壳式辊型结构金属成形模主要由模板和型板架组成,根据产品贴膜面设计为等厚的模板,保证铺层在热压罐中受热均匀、成形效果好,通常选择碳钢、因瓦钢等薄板材料,并根据复合材料零件材质和模具材质进行热缩比系数换算,下方支撑型板架结构一般采用通风良好的网格式结构,支撑型板架、型板架与模板均采用焊接制造连接,型板架上部与模板贴合部位的型面采用数控加工连接,模板上的定位孔、螺栓孔所在部位的背面采取封堵结构以保证气密性,如图4.15(b)所示。

相对于其他形式的金属成形模,薄壳式辊型结构金属成形模更容易保证模体的壁厚均匀性,产品固化时的热均匀性更好,但该类成形模的制造难度相对较大,气密性问题不易处理,成本也远高于其他形式的金属成形模。成形曲率和深度都较小的产品一般不采用此类型工装,成形曲率较大、深度较大和尺寸较大的产品才选用此类型工装。

2.复合材料成形模

复合材料成形模模体材料为树脂基复合材料,是以有机聚合物为基体制造的复合材料。树脂基复合材料既能保留原组分材料的主要特点,又能通过复合效应获得原组分材料不具备的性能,还可以通过选择复合材料的组分、增强体分布和复合材料制造工艺对复合材料结构进行设计,使各组分的性能相互补充并彼此关联,从而获得新的优越性能。

工程应用中,可以通过调整复合材料成形模模体材料与需要成形的航空产品材料相似,得到近似的热膨胀系数,减小固化内应力和变形量,提高成形产品质量,适合制造具有复杂曲面外形的产品,并且模具本身制造难度相对较小,质量轻,易于运输,复合材料成形模如图 4.16 所示。

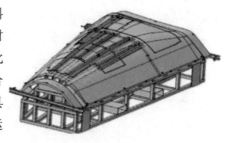

图 4.16　复合材料成形模

模具模体复合材料价格高,复合材料成形模模体需要借助过渡模成形,因此设计复合材料成形模的同时,需要设计一套相应的金属过渡模,成本较高,并且由于模体复合材料易破损、变形,使用寿命有限,无法适应大批量产品生产,已逐渐被工程应用淘汰,但随着复合材料增材制造技术的发展,复合材料材质的成形模具有望重新占据应用主体。

3.硅胶加压成形模

硅胶加压成形利用硅胶受热膨胀,并与金属模块之间产生压力,从而对复合材料进行加压成形。硅胶加压成形模由金属模块和硅胶组成,硅胶为硅胶块、硅胶囊等,其中对金属模体垫一定厚度的蜡片后灌注硅胶来完成硅胶的制造,如图4.17 所示,在设计硅胶加压成形模时,金属模体与硅胶间应留有间隙。硅胶加压成形模使产品内外型面成形较好,因此适用于对产品内型面要求较高、曲率大、结构较复杂的产品,如角盒、管类等复合材料产品。

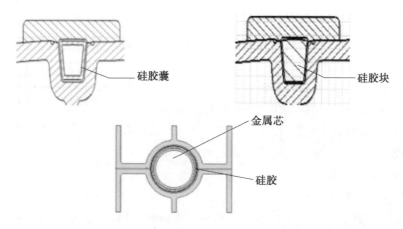

图 4.17　硅胶加压成形模典型结构

4.3.2　直升机机体结构复合材料构件成形工装表面准备

直升机机体结构复合材料构件成形工装表面使用的脱模材料一般为脱模剂、脱模薄膜和脱模蜡等。对于工作面平直或形状不复杂的工装,可铺贴脱模布;对于工作面形状复杂的工装,可根据需要涂刷脱模剂。脱模剂的选择一般是由模具的种类和零件的固化方法(环境温度或加热固化)确定的。需要涂覆脱模剂的螺栓和销钉,可将其完全浸泡在脱模剂中后取出,烘干后使用。合模工装使用的螺栓、销钉等建议使用脱模蜡。

4.3.2.1　模具清洁

1. 新制或返修模具表面清洁

使用不掉毛的浸有丙酮或丁酮的纺织布对模具表面进行除油,除去模具加工过程产生的残留物和油污,清理后至少晾置 30 分钟再使用脱模剂。

2. 已使用过的模具表面清洁

用洁净的干布清除表面的灰尘和杂质,并用溶剂(如丙酮或丁酮)清洁模具表面,在室温下晾置 10 分钟。

4.3.2.2　脱模剂使用

由于脱模剂具有较强的挥发性,应在通风良好的区域内使用脱模剂。脱模剂不要与手接触,涂覆时需带手套。

1. 新制或返修工装首次使用的模具

(1)检查胶带隔离铺贴腻子条区域,防止脱模剂污染打袋区域。

(2)涂在非常干净的没有油脂的模具面。

(3)蒸汽喷砂或轻轻打磨。

(4)除油,干燥。

(5)在模具表面,使用刷子或软布蘸脱模剂,交叉薄涂脱模剂。

(6)为了获得更好的脱模效果,根据要求(模具结构、材料、工装条件和表面条件)可以增加涂覆的次数。

(7)脱模剂每层涂覆之后应进行干燥。

(8)涂覆后,一般需在固化炉等加热设备内加热干燥,干燥时间、温度依据具体脱模剂及模具结构形式。

2. 已使用过脱模剂的模具上再次使用脱模剂

(1)检查胶带隔离铺贴腻子条区域,防止脱模剂污染打袋区域。

(2)除去模具表面任何多余的树脂。

(3)用干净的抹布擦拭模具。

(4)不要过多涂覆脱模剂。

(5)涂覆后需进行干燥。

4.3.2.3 脱模薄膜使用

脱模薄膜一般用于硅橡胶芯材。为了使外形最大限度地接近硅橡胶芯的理论外形,在硅橡胶芯外周围保护薄膜加热封闭。

用热吹风机将硅橡胶芯周围的薄膜进行热收缩,直至加热之初的皱褶和气泡完全消失。

4.3.2.4 脱模蜡使用

使用刷子或干净的不掉毛的布在螺栓上涂抹脱模蜡,形成一层薄薄的且连续的涂层,在环境温度下干燥后使用。

4.3.3 直升机机体结构复合材料构件成形材料准备

直升机机体结构复合材料构件成形主要材料包括预浸料、胶膜、芯材、发泡胶、胶黏剂和防雷击网等,辅助材料包括真空袋、透气材料、隔离膜、硅胶片、吸胶材料和密封胶条等。

4.3.3.1 直升机机体结构复合材料构件成形低温材料要求

(1)低温储存的预浸料、胶膜、胶黏剂等复合材料和非金属原材料等,一般按规定储存在指定温度范围的低温储藏设备(冷库)中。

(2)未使用的预浸料、胶膜等低温材料,应密封贮存在原包装中,并采用合适的方法对卷轴加以支撑,水平放置,防止材料受到挤压。胶黏剂等包装为管装、瓶装或桶装低温储存的原材料,应在原厂的包装箱内或密封状态下放置。

(3)当材料从低温环境中取出后,应放在控制污染区(或洁净间、缓料间等)内解冻,并保持密封状态,采用合适的方法对卷轴加以支撑,水平放置,当外包装膜擦干后无冷凝水产生时方能使用,解冻时间一般不小于 6 h。

(4)在 $-18\ ℃$ 出库至室温,解冻时间至少为 6 h,实际解冻时间取决于最短停放时间(h)=0.12×需解冻包装或成卷装的厚度(mm)。如果外包装膜擦干后仍会出现冷凝水,则不应打开外包装膜。如果预浸料等除去包装袋以后或在使用期间出现任何潮湿迹象,应停止使用。

(5)剪裁好的预浸料铺层不直接投入使用时,应密封后放入低温库中待用,尽量缩短暴露时间,确保预浸料在操作寿命(适用期)内使用。

(6)预浸料、胶膜等材料在完成切取后,剩余的材料若无后续生产计划安排,应将材料放回包装袋或聚乙烯薄膜,通过热黏结包装袋或胶带黏接密封后,采用合适的方法对卷轴加以支撑,水平放置,将材料重新放回低温储藏设备,并做出明确标识。

4.3.3.2　预浸料、胶膜、膨胀胶膜和铜网等主要材料下料

1.手工下料

手工下料是指使用剪刀或壁纸刀对相关材料进行裁切。预浸料下料后标记零件图号、布块号/形状标识号、材料号(可选)、布块角度和 0°方向线等;其他材料下料后都需进行相应的标识。

手工下料可分为依据尺寸下料和依据样板下料。

(1)依据尺寸下料。使用直尺量取相应尺寸,并依据尺寸进行裁切。依据尺寸下料时需注意识别材料方向。

(2)依据样板下料。下料时,需将样板 0°方向线与材料方向对正,无方向要求的材料可根据实际情况摆放。压紧样板,保证样板与材料不发生相对串动后,依据样板边缘进行裁切。

2.数控下料机下料

数控下料机下料前需要将料块排样,按材料幅宽进行排样并编制成下料设备可读取的下料程序。排样时布块间保证留有一定间隙,不允许出现交叉,通常间隙不大于 30 mm,防止切割时真空失效,导致错切;对于规则布块,如矩形布块,允许两块布其中一条边界完全重合以提高裁切效率。为避免材料边缘局部缺陷影响布块质量,排样时设置的幅宽需比材料实际幅宽略小,但需保证料块距边距离不大于 50 mm。

程序运行过程中应随时关注裁切过程;检查料块是否完全切断,切割过程是否存在将料片带起的情况,料块标记是否符合要求。若存在相关问题应及时调整刀头压力、运行速度等参数,保证后续料块质量;及时收集裁切完成的料块,并将其平铺或卷起放在指定位置,不允许将料块进行折叠,避免形成死褶。下料流程如图 4.18 所示。

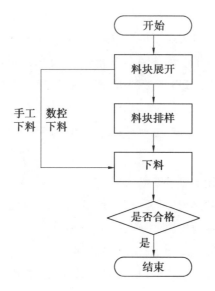

图 4.18　下料流程

4.3.3.3　蜂窝芯处理

在蜂窝芯的贮存、处理和包装过程中,应避免蜂窝损伤,以及水、油脂、灰尘或其他影响胶接的外来物质对蜂窝造成污染;蜂窝芯处理过程禁止直接接触带有脱模剂的工装表面,可使用扒皮布或隔离膜等进行防护。

1. 蜂窝芯手工加工

使用带锯、壁纸刀或锯条对非金属蜂窝芯进行加工,使用壁纸刀对金属蜂窝芯进行加工,按照图纸或数模制作蜂窝芯样板,将样板粘贴固定在蜂窝芯上进行切割。

(1)手工下料。

按需对蜂窝芯进行定位;选择刀具按切割要求对蜂窝芯进行切割;检查蜂窝芯外形。

(2)倒角加工。

利用三角函数和下式计算 L:

$$L = \frac{T}{\tan a} \tag{4.1}$$

式中　L——斜面长度;

　　　T——蜂窝芯厚度;

　　　a——斜面角度。

注:a 与图纸一致,L 也可以通过角度测量装置确定。

L 的计算图解如图 4.19 所示。

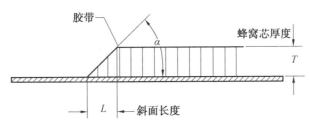

图 4.19 L 的计算图解

倒角加工步骤如下。

①将蜂窝芯样板粘贴固定至蜂窝芯上,使用带锯进行外角的切割,切削要求见表4.5,典型的蜂窝芯倒角如图 4.20 所示。

表 4.5 切削要求

锯条宽度/mm	蜂窝芯厚度/mm	带锯速度/(m·min^{-1})
6.35	不大于 19.05	
9.5	大于 19.05 而小于等于 37.6	850
19.05	大于 37.6 而小于等于 203.2	

②使用恒定的切割速度切割蜂窝芯,并使用防护装置。

③砂纸打磨倒角及去毛刺处理。

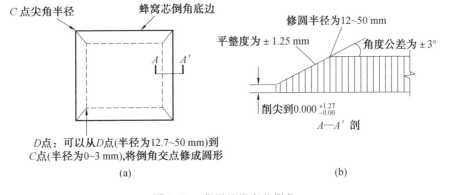

(a)   (b)

图 4.20 典型的蜂窝芯倒角

2.蜂窝芯清洁

通过使用吸尘器或者用干燥的、经过过滤的压缩空气去除蜂窝芯上可见的灰尘;使用干净的擦拭布蘸丙酮或丁酮擦拭被污染的蜂窝,擦拭后在室温下晾干至少 30 分钟,保证蜂窝芯上无残留溶剂。

3.蜂窝芯拼接

(1)发泡胶法蜂窝芯拼接。

对于蜂窝芯与蜂窝芯间的拼接,可以在任意一块需要拼接的蜂窝芯胶接表面施加发泡胶;对于蜂窝芯与预固化零件的拼接,在预固化零件的胶接表面施加发泡胶。

(2)灌封料法蜂窝芯拼接。

采用灌封料进行混合和施工,其中灌封料混合后可采用抽真空的方式辅助进行排气。灌封料可以单独固化,也可以与灌封料固化参数相同的覆盖材料同时固化,还可以与零件一起共固化。

(3)胶膜法蜂窝芯拼接。

施加胶膜,并将蜂窝芯段放到一起。在固化过程中要保持蜂窝芯段紧紧地固定在一起,蜂窝芯段之间不允许有间隙。

4.蜂窝芯灌封

对于双组分灌封料,按照包装要求将各组分混合。对于冷藏的单组分灌封料,将灌封料升至室温,并且包装外用布擦干后无冷凝水形成时才可以打开包装,其中双组分灌封料混合后可采用抽真空的方式辅助进行排气。

用压敏胶带遮住工程图样规定的填充区域外的蜂窝芯;施加灌封料,除去压敏胶带并固化。灌封料可以在蜂窝芯铺层前固化,也可以在零件固化期间固化。

用于复合材料夹层结构件的泡沫在使用前应进行干燥处理,以防在夹层结构件固化过程中收缩。

5.泡沫胶接

泡沫的胶接面不得有不利于胶接的污染。泡沫表面的浮灰可采用压缩空气吹除,若胶接面有局部轻微污染,允许用丙酮擦拭,然后在室温下晾干。胶接面不得有明显损伤。

胶接固化方法为制真空袋放入热压罐或固化炉进行固化,按所使用的胶膜固化参数执行。

6.泡沫拼接

进行拼接的泡沫必须干净无污染,不允许有明显损伤,泡沫表面的浮灰可采用压缩空气吹除。若局部有轻微污染,允许用丙酮擦拭,然后在室温下晾干。

采用发泡胶同时进行多块泡沫的拼接。对于泡沫与泡沫、泡沫与已固化层板间的拼接,可以在任意一块需要拼接的拼接面施加发泡胶;对于泡沫与蜂窝间的拼接,在需要拼接的泡沫的拼接面施加发泡胶,拼接后的泡沫不应出现明显错位。

7. 泡沫灌封

当需要在泡沫零件上安装紧固件时,可在紧固件安装区域开孔并进行灌封。对于双组分灌封料,按照包装要求将各组分混合。对于冷藏的单组分灌封料,将灌封料升至室温,并且包装外用布擦干后无冷凝水形成时才可以打开包装,按照包装要求将各组分混合。泡沫灌封时用压敏胶带遮住泡沫,以确定工程图样规定的填充区域,施加灌封料后需去除压敏胶带并固化。

4.3.3.4　蜂窝芯稳定化

1. 工装边缘防滑带法

在工装边缘胶接或焊接一条防滑带,防滑带外侧距离工装边缘至少 25 mm。将蜂窝芯两侧的蒙皮预浸料铺层通过错开的方式固定在防滑带上,如图 4.21 所示。需要固定的预浸料层数可以根据零件的外形需要进行选择。

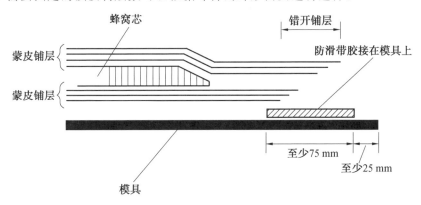

图 4.21　工装边缘防滑带法

2. 玻璃纤维固定法

使用干玻璃布和压敏胶带将蜂窝芯两侧的蒙皮预浸料铺层固定在工装上。需要固定的预浸料层数可以根据零件的外形需要进行选择,通常建议最靠近蜂窝芯的预浸料铺层要进行固定,并且 0°或 90°的铺层效果最好,如图 4.22 所示。

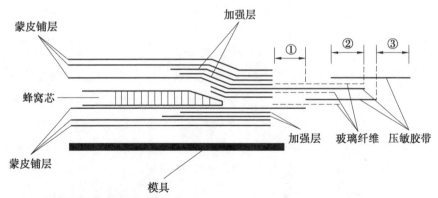

① 将玻璃布搭接在蒙皮铺层上至少25 mm
② 将胶带搭接在玻璃布上至少25 mm
③ 胶带贴在工装上区域至少保留25 mm

图 4.22　玻璃纤维固定法

3.胶膜法

当工程图样有规定时,可以采用胶膜法在贴袋面、贴工装面或两面对蜂窝芯进行稳定化处理,也可在蜂窝芯边缘局部铺放不大于 76 mm 的胶膜进行稳定,如图4.23所示。

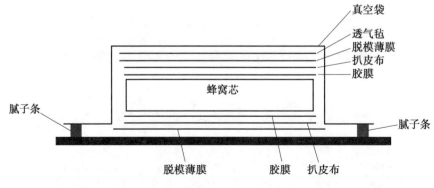

图 4.23　胶膜法

稳定化固化参数按胶膜固化要求执行。

4.隔膜法

当工程图样有规定时,可以采用隔膜法对蜂窝芯进行稳定化处理。在蜂窝芯中间采用两层胶膜和一层玻璃纤维预浸料,玻璃纤维预浸料在两层胶膜之间,如图4.24所示。

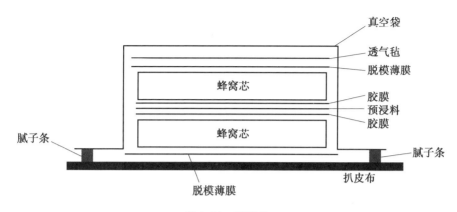

图 4.24　隔膜法

5.工装布法

如固化参数允许,可以采用工装布法对蜂窝芯进行稳定化处理,如图 4.25 所示。蜂窝芯夹层件铺贴完成后,在糊制真空袋过程中,在隔离膜上铺贴两层或三层工装布。在蜂窝芯夹层件固化时,加压前增加恒温平台进行工装布的固化。铺放时,工装布完全贴靠蜂窝芯。已固化的工装布不可在其他零件上重复使用。

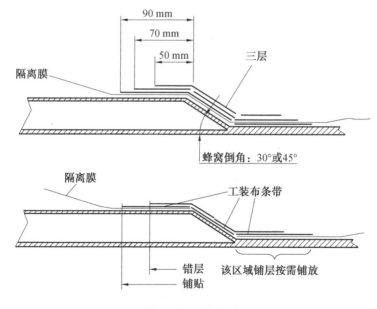

图 4.25　工装布法

4.3.3.5　湿法成形胶液制备

采用湿法成形时涉及胶液配制,胶液配制过程中,固化剂应缓慢加入,各种配料混合后应搅拌均匀,严禁杂质混入。

为了降低树脂黏度,便于操作,允许配胶前适当将各组分加温。组分为液体时,加温温度低于 45 ℃;组分为固体时,加温温度应高于熔点 5～8 ℃至熔解。

4.3.4　直升机机体结构复合材料构件成形手工铺贴

4.3.4.1　铺贴方向

铺贴方向公差以工程图样规定的坐标为基础,按工程图样要求的角度铺贴在模具上。一般单向带铺层铺贴方向公差为±3°,织物铺层铺贴方向公差为±5°,蜂窝(纵向)铺贴方向公差为±5°。

4.3.4.2　铺层拼接

1.单向带铺层拼接

沿承力方向铺贴的单向带不允许对接;若允许搭接,搭接尺寸一般为 15～30 mm;若宽度不够,沿承力方向铺贴的单向带允许沿宽度方向对接,对接缝宽度一般为 0～2 mm;相邻铺层拼接接缝间距应大于 10 mm;铺层边界位置公差为±3 mm。

2.织物预浸料铺层拼接

织物预浸料铺层拼接接缝间距一般大于 25 mm,铺层搭接宽度不小于 15～25 mm,如图 4.26 所示。工程图样或技术文件规定采用对接时,铺层拼接接缝间距一般大于 25 mm,接缝间隙一般为 0～1.5 mm,铺层边界位置公差为±3 mm。沿纤维方向相同的织物铺层接缝,一般在四层以后才允许重叠。

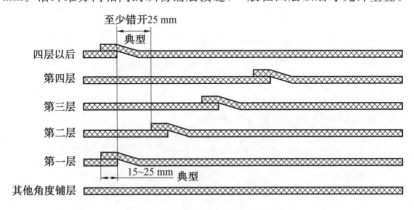

图 4.26　织物预浸料铺层拼接示意

4.3.4.3　剪口拼接

铺层在转角处如出现皱褶,允许剪开布,但每层布不应在同一处剪开,应尽可能错开 15～30 mm。当布从内转弯处向外翻时,有可能出现缺布情况,则应用同方向的布剪好铺贴上,搭接宽度一般为 15～25 mm,如图 4.27 所示。搭接位置应尽量错开,防止铺层局部过厚。转角处铺层若能通过碾压铺实,则尽量不进行剪口处理。

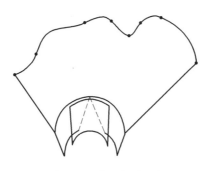

图 4.27　剪口拼接示意

4.3.4.4　铺贴定位

1.激光投影仪定位

优先选用激光投影仪辅助铺层定位,当使用激光投影仪辅助定位时,编制投影程序,设置或修改合适的定位公差,通过工装上的基准点扫描定位,试运行投影程序,并经工装刻线校准。一般以投影线宽度 1/2 处作为铺贴边界进行铺贴。

2.样板定位

当使用样板定位时,应确认样板经过检验且无明显变形损坏。通过工装上的定位装置定位样板,如定位销、工装标记线和引线等。以样板边界作为铺贴边界进行铺贴。

3.工装标记线定位

当使用工装标记线或引线定位时,应辅助使用直尺等保证铺贴精度。

4.3.4.5　R 角处铺层

涉及 R 角区域铺层时,应从 R 角一侧开始赶压,赶压至 R 角时使用不大于铺层 R 角的压辊或扦子进行充分赶压,直至 R 角与工装或上一铺层完全贴合,最后赶压 R 角另一侧的布层。严禁将 R 角两侧铺层赶压后再对 R 角进行赶压,导致 R 角区域铺层张力过大而出现褶皱、架桥等缺陷。

4.3.4.6　捻子条铺放

捻子条填充量计算:

r 角处填塞面积如图 4.28 所示,可以得到计算填塞面积表达式为

$$\Delta S = \left(\frac{r+h_2}{2}\right)(2r+h_1) - \frac{\pi}{2}\left(r+\frac{h_2}{2}\right) \tag{4.2}$$

式中　ΔS——填塞面积；

　　　h_1——构件宽度；

　　　h_2——构件厚度；

　　　r——半径。

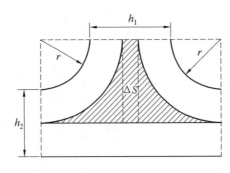

图 4.28　填塞面积

填充量：

$$M=\Delta S\times L\times\rho_{体} \tag{4.3}$$

式中　M——捻子条填充量；

　　　L——捻子条长度；

　　　$\rho_{体}$——捻子条体密度，该密度可以按捻子条面密度除以厚度得出。

式（4.3）为理想状况，由于存在材料厚度和密度不均匀、不稳定，以及填塞处可能存在褶皱、填塞纤维易弯曲等原因，实际的填塞量可能与 M 不同，需要根据实际情况进行适当的调整。填塞处的塑形良好时，制件表面树脂饱满，无纤维缺少的痕迹，并且内部质量良好。

4.3.4.7　Tedlar 膜铺贴

可以通过剪裁 Tedlar 膜（如针刺或轻微划缝）去除架桥与裹入的空气，可以使用高温胶带在固化时对 Tedlar 膜进行定位。

4.3.4.8　填料块、搭铁材料或刚性金属铺设

若铺层中需要使用铺设填料块、搭铁材料或刚性金属件时，铺设前需依据图纸要求进行胶接前表面处理。

4.3.4.9　预压实

根据工艺要求，可在铺贴过程中用真空袋通过抽真空进行预压实。压实时，在预浸料上放置隔离膜，并在真空袋下放置导气材料；预压实可在室温下进行，有特殊要求时进行热压实（加温加压条件下压实）。

在预压实过程中，部分 R 角区域加压不充分，可以使用腻子条组成压力扩大

物辅助加压,如图 4.29 所示。

压力扩大物的使用方法如下。

(1)将三条腻子条整齐的叠放在一起。

(2)为避免其与预浸料接触,使用无孔隔离膜将其完全包裹。

(3)将压力扩大物放置于需辅助加压的位置,检查腻子条与预浸料无接触风险后,正常铺放其余真空袋材料进行预压实。

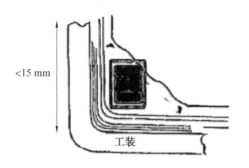
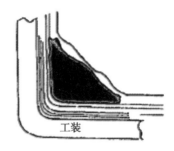

图 4.29　预压实压力扩大物前后状态

4.3.4.10　返工、返修

铺层出现夹杂、起皱、架桥、打折、方向错误和边界超差等现象时,需返工重新铺敷或进行返修。

对于组合模成形的产品,可合模热压实后,重新打开模具对铺层进行返修。

对于模压结构件,合模后合模间隙大于 0.2 mm 时,需打开模具对布层进行返修调整,直至无夹布现象且合模间隙不大于 0.2 mm。

4.3.4.11　湿法成形材料铺贴

铺贴时每层玻璃纤维布需要均匀涂刷或刮上一薄层胶液,各层应连续铺贴,并注意布的经纬方向要求。

玻璃纤维布要浸透胶液,注意排气泡,铺层要贴模,不允许有皱褶、分层存在。

浸胶后的玻璃纤维布应尽快在模具上定位。

4.3.5　直升机机体结构复合材料构件成形封装

本节适用于采用真空袋成形和模压成形的直升机机体结构复合材料构件。

4.3.5.1　通用真空袋

根据零件结构及工装结构形式糊制通用真空袋,如图 4.30 所示,辅助材料一般包括真空袋、透气毡、隔离膜和腻子条等。

为控制零件的树脂含量可通过加入吸胶材料来调节。吸胶材料层数及类型(包括剥离布等)可根据零件大小、厚度,零件树脂含量要求,预浸料含胶量和吸胶材料能力通过试验确定。

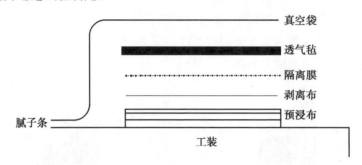

图 4.30　糊制通用真空袋

4.3.5.2　全包真空袋

部分零件或工装结构特殊无法在需要糊制真空袋的区域形成密封的情况下可使用全包真空袋进行。全包真空袋只能用于质量较小的工装,质量过大易造成工装自重压损真空袋,导致固化过程中出现爆袋等故障。

进行全包真空袋糊制时,根据需要包裹的零件或工装的尺寸确定真空袋尺寸大小,需要考虑工装或零件表面的凸起或凹陷,从而预留出足够的尺寸,防止爆袋。

4.3.5.3　子母真空袋

对于部分类管状零件,在需要使用真空袋对管内壁进行加压的情况下可使用子母真空袋。子母真空袋需要先制作出一个管状真空袋,也可采用成品的管状真空袋(管状真空袋周长通常选用管内壁周长的 1.5 倍以上,管状真空袋长度需大于工装长度,保证预留出足够尺寸与外部真空袋进行密封)。管状真空袋的其他辅助材料根据实际情况进行选用,对于管径较小的零件允许在管内壁不铺放其余辅助材料仅铺放真空袋。管状真空袋部分使用的隔离膜(若选用)周向尺寸需大于管状真空袋尺寸进行搭接,防止管状真空袋膨胀时隔离膜窜动而导致污染。

4.3.5.4　组合模真空袋

组合模真空袋主要有以下两种用途。

(1)工装模体间不采用螺栓进行固连,既能保证零件外形,又能有效避免由组合模合模不到位产生零件超厚或加压不良等缺陷。在固化过程中组合模真空袋持续对模体进行加压;在不固连的情况下,工装需存在限位机构避免零件过薄。

（2）工装模体间采用螺栓进行固连。组合模真空袋可以起到辅助加压提高零件质量、降低零件孔隙等效果，组合模真空袋如图 4.31 所示。

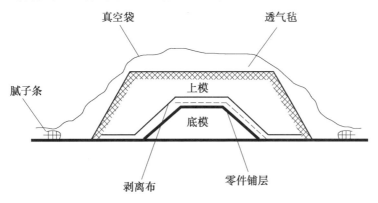

图 4.31　组合模真空袋

4.3.5.5　湿法成形真空袋

湿法成形真空袋如图 4.32 所示，湿法成形真空袋中热电偶应尽可能靠近浸胶铺层。

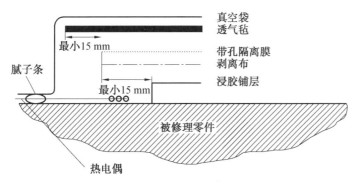

图 4.32　湿法成形真空袋

4.3.5.6　刚性模具合模

刚性模具合模是指直升机机体结构复合材料构件采用双面模具成形合模。

完成预浸料铺贴后应尽快合模，合模时应避免夹杂、布层滑移、上下模对合间隙不均及间隙过大等。采用热压机固化成形，应使模具重心与压机平台的重心尽可能保持在同一轴线上，合模过程必要时要逐步升温，分时分段进行合模，以排除预浸料层间气体，保证制件质量。

采用螺栓、弹簧加压成形，合模前可将上下模预热，合模时均匀拧紧螺栓，尽量保证合模过程中上下模间隙均匀一致,常温下合模不到位,可在升温固化过程中再次拧紧螺栓,直至合模到位。

4.3.6 直升机机体结构复合材料构件成形固化

4.3.6.1 成形工装热分布

热分布测试是证明工装上零件的升温速率、降温速率、固化温度和保温时间等参数在相关要求范围内,以及在工装上或零件余量区内确定合适的热电偶位置,可代表零件在升温、降温过程中的温度领先和滞后位置。

1. 不带零件的工装热分布测试

(1)领先热电偶放置位置的选择:一般选择工装厚度最薄处、突出处,该工装对应零件的最薄处等。

(2)滞后热电偶放置位置的选择:工装上厚度最大处。该工装对应零件的最厚处等。

按照零件固化曲线进行工装热分布测试,确认所有热电偶除保温时间外均满足固化参数要求,分析并确定固化周期领先、滞后热电偶的放置位置。

2. 带零件的工装热分布测试

(1)领先零件热电偶的位置:一般在零件的拐角处或较薄层压板区域内放置热电偶。

(2)领先工装热电偶的位置:在零件领先热电偶相应位置附近放置热电偶,使其与工装直接接触,并对其进行隔热。在每个零件热电偶位置,放置几个隔热层厚度不同的工装热电偶以确定合适的隔热层厚度,其目的是确定一个与领先零件热电偶尽可能匹配的工装热电偶。

(3)滞后零件热电偶的位置:判断零件上所有可能慢速升降温的区域(该区域一般在零件中心附近、最厚芯子中心区域、层压板最厚区域、气流在工装下受最大阻碍的区域或工装质量最大的区域)。

(4)滞后工装热电偶的位置:在确定的滞后零件热电偶对应的平缓工装背面放置热电偶;放置的热电偶与工装直接接触,并对其进行隔热。

按照零件固化曲线进行工装热分布测试,确认所有热电偶除保温时间外均满足固化参数要求,分析并确定固化周期领先、滞后热电偶的放置位置。

4.3.6.2 成形固化

在固化操作前,需确保热电偶和热压罐接口的稳定性。为了防止热电偶在固化过程中移动,要用高温胶带将其固定。整个固化过程应持续记录零件温度、压力、时间和袋内压力；应记录温度监控装置中显示的每根热电偶对应的工装上实际热电偶的位置，以及记录真空监控装置中显示的每根真空管路对应的工装上实际真空管路的位置，以确定监控数值对应的制件具体位置。固化过程中的最低温度和固化时间基于滞后热电偶，最高温度基于领先热电偶。

使用过程中出现故障的热电偶（如指示的温度曲线反复无常）应扣除掉。如果零件的领先（或滞后）热电偶出现异常或未连接，则应用本次负载的次领先（或次滞后）热电偶计算此零件在固化温度下的升温速率和升温时间。批量生产时，制件坯料在热压罐中所处的位置、控温和测温点的位置，应保持相对稳定。为消除某些特殊零件内应力或提高固化度需要，应按该零件使用材料的后固化工艺参数进行后固化。

4.3.7 直升机机体结构复合材料构件成形脱模

直升机机体结构复合材料构件成形脱模流程如图 4.33 所示，用模具自身脱模装置或脱模工具（包括脱模楔、手动拔销器、内六方扳手、撬棍、有机玻璃刮刀和吊索具等）将模具打开，直接接触产品的脱模工具材料应为木质、塑料或复合材料，使用金属工具辅助零件脱模易造成零件损伤。使用吊具辅助脱模的工装，应检查确认吊索、吊钩及接耳完好，吊运过程应保证平稳，防止模体吊运过程大幅摆动，合理利用工装脱模口、脱模顶丝等功能性脱模辅助模块拆卸工装模体，不使用尖锐工具脱模。

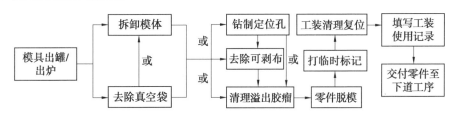

图 4.33　直升机机体结构复合材料构件成形脱模流程

4.4　直升机机体结构胶接技术

直升机机体结构胶接技术主要根据流程阐述金属与金属、金属蒙皮—蜂窝夹层结构件的金属结构胶接技术，复合材料制件的二次胶接技术和共胶接技术的控制要求、方法。金属结构胶接流程如图 4.34 所示。二次胶接流程如 4.35 所示。

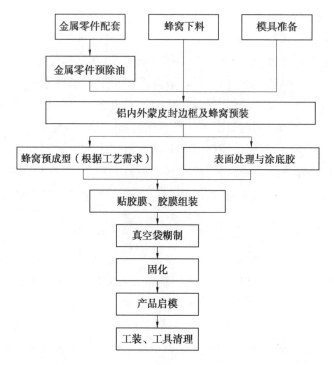

图 4.34　金属结构胶接流程

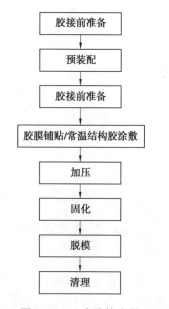

图 4.35　二次胶接流程

4.4.1　直升机机体结构胶接成形设备要求

直升机机体结构胶接成形设备一般涉及自动下料机、激光投影仪、热压罐、固化炉、热压床和低温储藏设备等,其要求与 4.3.1 节一致。

4.4.2　直升机机体结构胶接成形工装表面准备

直升机机体结构胶接成形工装表面使用的脱模材料一般为脱模剂、脱模薄膜和脱模蜡等,其要求与 4.3.2 节一致。

4.4.3　直升机机体结构胶接成形材料准备

直升机机体结构胶接成形主要材料包括预浸料、胶膜、芯材、发泡胶和胶黏剂等,辅助材料包括真空袋、透气材料、隔离膜、硅胶片、吸胶材料和密封胶条等,其要求与 4.3.3 章节一致。

对于金属与金属、金属蒙皮－蜂窝夹层结构件胶接制造,除上述材料外,主要材料还涉及金属面板。

4.4.3.1　金属面板表面准备

1.铝合金胶接前表面准备

铝合金胶接前按工程图样要求进行表面处理,通常包括除油等。若不用胶接底胶,一般在表面准备后 8 h 内进行胶接;若采用胶接底胶,一般在表面准备后 8 h 内进行涂覆底胶。

2.钢及不锈钢胶接前表面准备

钢及不锈钢胶接前按工程图样要求进行表面处理,通常包括除油等。若不用胶接底胶,一般在表面准备后 4 h 内进行胶接;若采用胶接底胶,一般在表面准备后 4 h 内进行涂覆底胶。

4.4.3.2　复合材料面板表面准备

直升机机体结构采用共胶接和二次胶接工艺制造,需进行复合材料面板表面准备。

1.预清洗

使用干净、干燥的白布蘸取丁酮,注意不能将白布浸入溶剂中以防污染溶剂。重复清洗复合材料面板待胶接面,直到白布不再变脏为止。

2.打磨

可用 180♯～240♯ 的砂纸打磨待胶接区域,打磨不可损伤纤维,注意打磨前隔离非胶接区域,打磨后用干燥无油的压缩空气吹净处理过的表面。

3.最终除油

使用干净、干燥的白布蘸取丁酮,注意不能将白布浸入溶剂中,以防污染溶剂。重复清洗复合材料面板待胶接面,直到白布不再变脏为止(可以接受漆层或其他有颜色基体的轻微掉色)。

4.4.4 直升机机体结构胶接成形预装配

4.4.4.1 金属与金属、金属蒙皮—蜂窝夹层结构件预装配

预装配在零件表面处理前进行,胶接预装配的依据为工程图样。

参与胶接的所有零件均应在工装上进行预装配,若蜂窝进行预装配,需进行防护或对工装进行除油处理,防止蜂窝污染;应按照胶接成形时的定位或固定方式对所有零件进行全状态定位和固定。

保证零件与零件、零件与产品间相对位置正确,检查零件贴合度、配合间隙、零件间阶差等,确保只需要指压则能使所有待胶接的表面均匀接触。

预装完成后需对纸蜂窝用无水无油的压缩空气进行吹尘处理,以及对铝蜂窝应进行除油处理。参与胶接的各零件之间及其与工装之间的配合质量和贴合度应满足工装图样要求。

预装配后拆卸应按预装顺序反向。预装完成后对零件进行标识处理。

4.4.4.2 二次胶接结构件预装配

各零件与工装的贴合间隙及零件与零件之间的对合间隙应符合工程图样要求。

参与二次胶接的所有零件均应在胶接夹具上进行定位安装,使用夹子或工装上的压紧器压紧产品,复合材料制件一般不应强迫定位、强迫装配。

使用塞尺、卡尺等带合格标签的量具检测胶接间隙;复合材料制件装配前,应消除复合材料制件之间、复合材料制件与金属件之间的间隙。叠层件之间的间隙不应敲修消除,可采用加垫片的方法消除;垫片一般采用可剥垫片和液体垫片。

4.4.5 直升机机体结构胶接成形组装

4.4.5.1 金属与金属、金属蒙皮—蜂窝夹层结构件成形组装

胶接组装的依据为工程图样、技术文件等,胶膜应用切割刀按照切割样板(或零件胶接面尺寸)在指定的工作台上进行切割,胶膜尺寸不得小于零件外廓

尺寸。

在胶膜铺贴过程中允许对接,对接间隙一般为 0～1 mm。胶膜拼接缝与蒙皮对接缝至少错开 30 mm,距胶接边缘 50 mm 内不允许拼接。胶膜铺贴时允许使用加热平台或者电吹风机在不高于 50 ℃ 的条件下加热金属零件或者胶膜,加热胶膜时间不能超过 5 s;

贴好胶膜的零件一般在 8 h 之内完成胶接装配;铺胶膜的胶接零件合拢时按预装位置定位,注意零件之间不得位移;蜂窝装配时,检查蜂窝与四周封边框是否贴合,若不贴合需要对蜂窝位置进行调整;内蒙皮装配时,检查内蒙皮与封边框是否存在干涉现象,若存在干涉现象需对内蒙皮位置进行调整;检查胶接零件与工装间的间隙,防止出现架桥现象。

4.4.5.2　二次胶接结构件成形组装

1.胶膜铺贴

按工程图样铺贴胶膜,胶膜搭接使用时,搭接尺寸一般为 2～5 mm,胶接面胶膜不允许有间隙。铺贴过程中不应挤压、折叠、拉伸胶膜,可采用针扎、辊压方法去除胶膜内的气泡。

2.常温结构胶涂敷

在常温结构胶的施工过程中,可以使用胶带保护非黏接区域。常温结构胶涂敷时,使用可接触涂胶工具涂敷常温结构胶,应保证常温结构胶覆盖所有胶接区域,并且待胶接面贴合后保证观察到挤出胶梗。

4.4.5.3　共胶接结构件成形组装

1.胶膜铺贴

在胶接面施加胶膜时,胶膜允许对接,对接间隙一般不超过 1 mm。不要重叠胶膜或在胶膜之间留下过大间隙。

2.预浸料铺层

预浸料应按铺层方向一层压一层铺放,并尽量排出铺层下的空气,在铺放过程中避免裹入空气和纤维起皱,可使用刮板沿纤维的平行方向或织物的经向梳理。为了提高预浸料贴合性,可以使用加热枪或电熨斗进行加热,但温度不宜过高且加热枪与预浸料铺层之间保持一定距离。

当切割和铺贴新层时,注意不要切断已铺好的铺层,可以使用已固化的玻璃纤维或碳纤维增强的环氧树脂层压板作为背衬板垫放在被切割的铺层下,可在铺层时进行压实以帮助零件成形。

4.4.6 直升机机体结构胶接成形封装

直升机机体结构胶接成形封装一般采用真空袋,真空袋封装要求与5.3.5节一致。

4.4.7 直升机机体结构胶接成形固化

直升机机体结构胶接成形固化应根据所用材料固化参数进行,固化要求与5.3.6节一致。

4.4.8 直升机机体结构胶接成形脱模

4.4.8.1 金属与金属、金属蒙皮—蜂窝夹层结构件成形脱模

除非工程图样规定,否则胶梗不应去除,仅去除过多的溢胶。当必须去除胶梗时,要以防止损伤蒙皮或胶接接头的方法去除。当用机械方法去除时,首选打磨方法。

4.4.8.2 共胶接、二次胶接结构件成形脱模

用模具自身脱模装置或脱模工具(包括脱模楔、手动拔销器、内六方扳手、撬棍、有机玻璃刮刀和吊索具等)将模具打开,直接接触产品的脱模工具材料应为木质、塑料或复合材料,使用金属工具辅助零件脱模易造成零件损伤。

脱模工具不要接触零件产品边缘线以内部分,并且不要损伤零件和工装。

4.5 直升机复合材料构件制造新技术

随着直升机大量采用先进复合材料,复合材料结构的尺寸越来越大,复合材料形状越来越复杂,传统制造技术已无法满足生产效率、质量一致性和成本等要求。学者们在提升复合材料性能的同时研发了多种低成本新材料、新工艺和新设备。

4.5.1 自动铺放技术

航空航天复合材料构件制造主要依赖手工铺叠形式,手工铺放受操作人员水平及技能的限制,操作人员劳动强度大、铺放效率低,容易产生夹杂,产品质量一致性差等。另外,对于大尺寸、变曲率、异形回转体结构等复杂结构制件,手工铺叠难以实现。与手工铺叠相比,自动铺放技术克服了手工铺叠带来的弊端,在

降低操作人员劳动强度的同时,大幅提高了铺放成形效率,减少人为失误,减少孔隙和架桥、交叠等制造缺陷,提高工艺的重复性和稳定性,进而提高复合材料制品质量;同时,与手工铺叠复合材料的废料率(20%~25%)相比,自动铺放技术的废料率可以减少到5%左右。自动铺放技术在提高生产效率、制件内部质量、降低成本等方面显示出极为突出的优越性和极大的潜力,已经成为新一代航空航天复合材料构件制造的最佳工艺解决方案。

4.5.1.1 自动铺丝技术

自动铺丝技术是在纤维缠绕技术和自动铺带技术的基础上发展起来的一种复合材料全自动化成形技术。典型自动铺丝机床主要包括实现铺放头正交三轴运动的机床主体装置、回转芯模支撑与驱动装置、带双转动坐标轴的铺丝头功能部件和纤维经轴架辅助装置。自动铺丝机如图4.36所示,其能够将纤维缠绕中柔性丝束的输送、张力控制及自动铺带技术的剪切、重送、压紧和加热等技术结合。在铺放时把多束一定宽度的纤维丝束并排输送至出丝口,通过对每束丝束的独立控制进行丝束增减,以便集束成不同宽度的纤维预浸丝束;同时预浸丝束经过加热,使其软化,提高预浸丝束黏性,再用压辊将纤维预浸丝束压实在芯模表面,经过层层铺放,最终完成复合材料构件的成形。因此,与纤维缠绕和自动铺带技术相比,纤维铺放技术具有灵活性更大、受芯模曲率和型面影响小的特点,能够实现大型复杂(凹形面、蜂窝夹层面、大曲率)复合材料构件成形。自动铺丝技术还能够对复杂构件进行一体化成形以减少装配零件数目、制造工时和废品率,能够有效降低复合材料构件的制造成本。其典型应用构件有整流罩、进气道等。

图 4.36 自动铺丝机

波音公司通过自动铺丝技术生产制造了 V-22 倾转旋翼直升机后机身,与原来相比,V-22 倾转旋翼直升机减少了 34% 的紧固件和 53% 的装配量,如图 4.37(a)所示。SB-1 共轴复合推进直升机的桨叶、CH-53K 尾桨叶柔性梁、

CH－53K 机身蒙皮同样采用了自动铺放技术。

(a) V–22倾转旋翼   (b) SB–1直升机桨叶

(c) CH–53K机身蒙皮

图 4.37　采用自动铺放技术的复合材料制件

4.5.1.2　纤维缠绕技术

纤维缠绕是在控制张力和预定线型的条件下,用专门的缠绕设备将浸过树脂胶液的连续纤维或布带,按照一定规律缠绕到芯模上的过程。贝尔直升机公司的 AH－1G 夹层结构尾斜梁、Bell－206 的垂尾、OH－58 的平尾管梁与蒙皮及硬壳式尾梁均使用了纤维缠绕工艺;西科斯基直升机公司使用了缠绕工艺方法研制了 S－76 的尾梁、水平安定面和斜梁。

4.5.2　液体成形技术

复合材料液体成形技术是指将液态树脂注入铺有纤维预成形体的闭合模腔中,或加热熔化预先放入模腔内的树脂膜,液态树脂在充满模腔的同时完成纤维/树脂的浸润,并经固化脱模后成为复合材料制品的一种复合材料成形技术。复合材料液体成形工艺包括一系列的工艺方法。

液体成形复合材料技术作为热压罐成形复合材料技术的重要补充,主要具有以下优势。

(1)适合复杂结构整体化制造,降低制件的综合制造成本,提高复合材料结构的减重效率。

（2）能够生产近净尺寸制件，降低二次修整和装配成本。

（3）采用对模成形，产品尺寸精度高、表面质量良好。

（4）可以生产高纤维体积分数（55%～60%）的零件，易在零件中嵌入金属零件。

（5）主要设备价格相对低廉，无须昂贵的专用设备，投入成本低。

（6）节省了预浸料工艺和热压罐所耗费的时间，降低复合材料制件制造的时间成本。

液体成形技术可以分为树脂传递模塑成形、真空辅助树脂浸渗成形和同等质量树脂传递模塑成形等技术。

4.5.2.1　树脂传递模塑成形

树脂传递模塑成形工艺是将干态纤维预成形体铺放到闭合模具的模腔内，通过压力将低黏度树脂注入闭合模腔中，通过树脂的流动充分浸渍预成形体，最后固化得到复合材料制件。树脂传递模塑成形适用于具有复杂外形的大型整体化结构和大厚度承力结构。树脂传递模塑成形可用于制造具有高表面质量、高尺寸精度、复杂结构复合材料产品，并且能够根据具体的制件形状进行纤维局部增强设计，充分发挥复合材料的可设计性，但其模具的初始成本很高，复杂结构制件的模具成本更高。此外，对于大面积、结构复杂的模具型腔，模塑过程中树脂流动不均衡，较难对树脂的真实流动浸润行为进行预测和控制。

H-64D 直升机通过使用树脂传递模塑成形工艺等实现机身结构的整体化制造，大量降低成本。RAH-66 直升机使用 RTM 成形工艺制造了桨叶柔性梁、自动倾斜器及部分地板梁和接头，如图 4.38 所示。NH-90 直升机舱门、龙骨梁、起落架扭力臂和纵向推力杆均采用 RTM 成形工艺制造。V-22 倾转旋翼机的尾传动轴、尾斜轴采用树脂传递模塑成形。此外，RTM 成形工艺还在直升机起落架舱、机身典型结构件和主桨毂等直升机机身部件上得到应用。

(a) H-64D直升机中机身结构　　　　(a) RAH-66直升机地板梁和接头

图 4.38　RTM 成形主要结构件

4.5.2.2 真空辅助树脂浸渗成形

真空辅助树脂浸渗成形是以柔性真空袋薄膜包覆在单面刚性模具上,从而密封预成形体,然后在真空负压下排除模腔内的气体,使树脂流动、渗透实现对预成形体的浸润,并在非热压罐条件下固化成形的一种工艺方法。真空辅助树脂浸渗成形适用于大尺寸、大厚度蒙皮、翼面、壁板类制件的低成本、高效率制造,尤其是单面尺寸精度要求高的制件。真空辅助树脂浸渗成形采用柔性的真空袋代替金属上模,降低模具成本;采用树脂导流槽或高渗透率介质作为树脂的流道,因此树脂的流程更短,对高性能纤维的浸渍更快,提高浸润效率;采用真空辅助成形,降低制造成本。真空辅助树脂浸渗成形制品表面精度没有树脂传递模塑成形表面精度高,因为真空压力下促进树脂流动,增加了热固性树脂的填充时间,对于大尺寸构件,易发生填充时间较长以至于达到树脂凝胶时间的风险产生,并且制件的厚度尺寸很难保证。

21世纪初,美国波音公司用真空辅助树脂浸渗成形一体成形了机舱整体结构,如图4.39所示。机身为全碳纤维复合材料加筋壁板结构,运用纤维缝合技术增强其层间性能。CH-46运输直升机采用真空辅助树脂浸渗成形发动机整流罩;CH-47运输直升机前发动机吊架和整流罩采用真空辅助树脂浸渗成形。

(a) 机舱　　　　　　　　　　(b) 发动机整流罩

图4.39 真空辅助树脂浸渗成形的机舱、发动机整流罩

4.5.2.3 同等质量树脂传递模塑成形

同等质量树脂传递模塑成形是一种设计用来制备热压罐级别质量制件却不使用热压罐的工艺技术。同等质量树脂传递模塑成形是使用预浸料铺层代替干纤维预成形体,并将预浸料铺层置于封闭的模具中,利用特定的浇口和流道将少量树脂注入成形模具,使预浸料铺层在树脂静压作用下,固化成形复合材料制件的一种闭模成形方法。同等质量树脂传递模塑成形适用于净尺寸、高度整体化、

高性能复合材料制件。同等质量树脂传递模塑成形可净成形制件；可整合多个零部件，减少装配劳力和紧固件数量；又可降低成本，减轻质量。同等质量树脂传递模塑成形模具设计制造难度较大，成本较高，同时复合材料制件可设计性不能得到充分发挥。

4.5.3　热塑性复合材料制造技术

目前大部分先进复合材料主要以热固性树脂为基体，但热固性复合材料在低速冲击载荷下容易分层，韧性和抗疲劳性能越来越难适应以桨毂中央件及传动轴等为代表的直升机高损伤阻抗、高抗疲劳及弹击损伤容限特定结构对材料的特殊需求。随着热塑性可支付直升机主承力结构（thermoplastic affordable primary aircraft structure，TAPAS）、洁净天空（clean sky）及战斗加强后机身（combat tempered aft fuselage）等一系列计划的先后推出，热塑性复合材料在直升机结构上的应用得到了极大发展。ICI 公司于 20 世纪 80 年代以 VICTREX 商标将聚醚醚酮（polyetheretherketone，PEEK）树脂基热塑性复合材料商业化后，近几十年来各大直升机原始设备制造商竞相开展各类结构的热塑性复合材料应用研究，先后实现了在直升机起落架、平尾及桨毂中央件上的批产应用。

20 世纪 90 年代以来国外直升机研发机构已经实现应用或正在开展的高性能热塑性复合材料研制包括 Bell 407、H－160 和新颖创新性竞争力高效率倾转旋翼集成项目（novel in－novative competitive effective tilt rotor integrated project，NICETRIP）等机型和预先研究项目。贝尔直升机公司自 20 世纪 90 年代起开展高性能热塑性复合材料在直升机上的应用研究，主要项目有替代传统金属直升机部件的低成本轻质热塑性复合材料研发、低成本热塑性直升机尾梁研发及热熔胶接热塑性 PEEK 复合材料平尾飞行验证等项目，实现了在 Bell 212/412 行李舱门耐磨、耐冲击部位的应用。2008 年起，在美国联邦航空管理局和加拿大联合发起的可持续航空项目资助下，贝尔加拿大直升机以 Bell 407 为型号背景，开展了高性能热塑性复合材料尾梁和滑橇起落架滑管的应用验证研究，如图 4.40 所示，2014 年实现了 Bell 407 型号上的量产应用。

H－160 直升机是空客直升机公司研发的最新型双发 6 t 级中型民用直升机，也是第一架全复合材料民用直升机。该型机采用球柔性旋翼构型，球柔性旋翼核心关键件（桨毂中央件）受力复杂，承受离心力、主旋翼扭矩、升力、旋转弯矩及剪切载荷。空客直升机现有型号（如 H－175 型机等）均采用钛合金制备桨毂中央件，寿命为 4 500 Fh，而直升机全寿命周期一般为 10 000 Fh，为达到减少维护的需求，最大程度的增加乘客安全的设计目标，空客直升机公司在 H－160 型机上采用碳纤维增强 PEEK 复合材料代替钛合金设计制备桨毂中央件,在降低制造成本和减轻质量的同时,提高损伤容限,降低结构疲劳裂纹扩展速率,如图4.41 所示。

图 4.40 Bell 407 热塑性复合材料尾梁和滑橇起落架滑管

图 4.41 H-160 直升机 T300/PEEK 桨毂中央件

NICETRIP 为加强型旋翼创新成果(enhanced rotorcraft innovative achievement,ERICA)项目的延续,该项目的主要目标为研制一款民用倾转旋翼机。在该项目框架内,为减轻旋翼桨毂中央件的质量,开展了复合材料取代金属制备旋翼桨毂中央件部件的研发。采用热塑性复合材料制造的旋翼桨毂连接件与初始设计的金属零件相比,质量仅为 1.93 kg,实现减重 50%,如图 4.42 所示。

针对热塑性复合材料的成形是一个先熔化再凝固的物理变化这一特点,开发了预浸带或丝束自动铺放技术,实现对预浸料加热融化、自动铺放和原位固化同步的工艺过程实施,极大提高了成形效率,降低了能耗和复合材料的制造成本。美国 Automated Dynamics(AD)公司在复合材料的自动铺放设备及制造领域占有重要的地位,并且最早开始研发热塑性复合材料的原位自动铺放技术。其产品应用在直升机、无人机、固定翼直升机、航天器和民用工业等领域的各类主承力及次承力结构中,包括变截面尾梁、"T"形截面圆环和直升机传动轴。由

AD 公司采用碳纤维增强 PEEK 材料原位 AFP 成形的 CH－53K 重型直升机传动轴如图 4.43 所示。

图 4.42　热塑性复合材料制造的旋翼桨毂连接件

图 4.43　CH－53K 重型直升机传动轴

4.5.4　非热压罐预浸料制造技术

非热压罐预浸料有时被称为真空袋预浸料,因为该材料成形无须热压罐罐压,只需通过真空压力即可。高性能的复合材料制件使用热压罐的一个重要原因是向预浸料提供足够的压力,大于固化过程中任何气体的蒸气压,以此抑制孔隙的生成,而这正是非热压罐预浸料制造技术需要突破的主要难点。是否能在真空压力下控制制件孔隙率,并使其性能达热压罐固化层压板的性能,成为评价非热压罐预浸料及其成形工艺优劣的标准。

V280 直升机使用非热压罐预浸料制造技术制造了主起落架复材舱门,如图 4.44 所示。目前,航空航天用复合材料成形仍以热压罐固化工艺为主,但热压罐固化工艺存在设备成本高、运行能耗大、成形效率低、构件尺寸受限和工装模具费用高等固有缺点,成为复合材料降低成本和进一步推广应用的主要障碍。在复合材料构件快速发展应用及低成本、超大型的制造需求下,低成本的非热压罐成形制造技术已经成为世界复合材料研究领域的热点和核心问题。而在众多非热压罐成形制造技术中,非热压罐－预浸料制造技术的铺贴和包覆过程与热压罐工艺相近,只是将固化场所转移到造价更便宜、尺寸受限更小的烘箱或固化炉中,基本继承了热压罐成形工艺的优点,被认为是最有可能大规模实现的非热压罐成形技术。

图 4.44　主起落架复材舱门

4.5.5　增材制造技术

增材制造是通过材料逐层叠加的方式完成实体零件的制造。一种新兴的复合材料制造技术是将增材制造技术应用于纤维增强树脂基复合材料。与传统的成形工艺相比,增材制造技术过程简单,加工成本低,材料利用率高,降低复合材料构件的制造成本,同时,它可实现复杂结构零件的一体化成形,无须模具与复合材料连接工艺,为轻质复合材料结构的低成本快速制造提供了有效技术途径。

瑞士 9T 实验室团队开发出名为增材融合技术的软硬件解决方案,通过数字化设计分析、单向纤维带沉积预制件、压缩成形三步法生产轻质、高强的复合材料零件,每年可分别生产多达 5 000 个预制件和 10 000 个零件,团队制造的直升机舱门铰链比不锈钢铰链减重 75％,最大静载荷能力提高 2 倍多。9T 实验室团队利用增材融合技术开发出可实现连续/不连续纤维热塑性复合材料集成应用的混合工艺。与单纯的不连续纤维销支架相比,该实验室制造出的直升机行李箱销支架抗损伤能力提升 99.6％,承载能力提升 25％。英国 SFM 技术公司使用 Hi－Temp 复合材料,首次采用增材制造技术为军用直升机(莱奥纳多 AW101)制造了主旋翼桨叶固定支架。

4.5.6　新型技术赋能制造技术

数字化和智能化技术在复合材料构件制造中发挥越来越重要的作用。通过引入数字化设计和仿真分析技术,可以更加精准地预测和优化复合材料构件的性能和质量,而智能传感器和物联网、数字孪生技术的应用,实现了复合材料构件的实时监测和提高其使用的安全性和可靠性。

英国布里斯托大学开发出一种复合材料缺陷实施检测技术,将微 ε 传感器嵌入自动丝束铺放系统,运用激光传感器和卷积神经网络定位缺陷部位,并实时对缺陷进行分类,该传感器可以正确区分褶皱、扭曲和搭接三种缺陷,每秒可提供高达 550 万个点的校准 2D 轮廓数据。澳大利亚南昆士兰大学和波音公司合作开发了一项复合材料制造工艺数字孪生技术,重点关注复合材料零件的修复,实现其工艺数字化。

第 5 章

直升机制造材料技术及热表处理技术

5.1 概　　述

　　热表处理技术已经成为不可或缺的直升机制造技术种类,直升机产品中包含大量的设备和零件,所有零件的材料性能、特点都存在差异,而这些多样化的差异对直升机产品整体的性能和质量会有或多或少的影响。航空材料是武器装备的物质基础,是现在先进武器装备的关键,是直升机制造技术创新发展的重要支撑。深入了解和掌握直升机制造材料技术及热表处理技术,对于制造直升机制造及产品质量提升具有重大意义。

　　随着技术的不断进步,直升机制造领域应用的热表处理技术也在迭代和优化,以热处理和表面处理新型技术分析为例,近些年新研发了几种更加先进的真空热处理技术。

　　(1)真空加压气淬技术能够更加高效的控制真空内部处理的温度,经过处理的材料淬透性更优良,气体回收质量也得到了优化。

　　(2)真空化学处理技术。渗碳技术、热传感技术等新型的化学处理技术方法。

　　(3)真空磁场、氢气、焊接技术等都能够与热处理技术有机结合,完成热处理技术应用。

　　(4)多功能复合化学热处理技术也属于新型的技术种类,具有节约成本、高效率、灵活性强、功能多样和环保节能等优势。

利用表面处理技术对直升机构件的表面进行处理,可以进一步强化零件的性能,包括高温抗氧化性、耐磨性和耐腐蚀性等,从而促进直升机产品整体稳定性和安全性的提升。直升机制造领域表面处理技术经过研发和改良,能够有效利用的技术方法更加多样,如电镀、离子注入、涂层、激光淬火等,可根据需求灵活选择表面处理技术,适用范围更广泛。表面处理技术可以根据待处理零件的实际材质、性能和处理要求,采用针对性的技术方法进行处理,具体处理时经常会使用多种技术结合处理,从而保证表面处理的质量和效率,为强化直升机产品性能、提升安全提供有力的帮助。

值得一提的是,直升机的服役环境和技术指标日益严苛,为了提高零部件的抗氧化、抗腐蚀、耐磨损、耐热和抗疲劳性能,延长使用寿命,联合多学科实现零件表面改性的表面工程技术逐渐得到工程化应用。表面改性技术是对表面进行特殊性质的处理,使零件表面以下一定厚度范围内的某种性质发生改变。该技术大多数情况不涉及物质成分的转移,如在表面造成压应力层的喷丸和冲击强化等;有时也有一定剂量的物质成分转移(如离子注入),在表面以下形成改性层,不形成薄膜或涂层。该技术的特点是基本不破坏原形面,因此往往不需要二次加工。

薄膜技术中薄膜厚度一般在微米数量级。薄膜制备工艺通常在不同气氛的真空室中完成。一般是以原子、离子、分子和粒子集团等原子尺度的粒子形态在基体上凝聚,然后成核、长大,最终形成薄膜。薄膜技术在各种精密零部件加工中起着举足轻重的作用。涂层制备工艺通常属于颗粒沉积,以宏观尺度的熔化液滴或细小固体颗粒在外力作用下于基体材料表面凝聚、沉积或烧结而成,涂层的显微结构取决于颗粒的凝固或烧结情况,热喷涂、搪瓷涂覆等都属此类。热障涂层技术是航空发动机零部件制造中应用最多的技术之一,它直接关系发动机的推重比、运行效率和工作寿命等一系列重要指标。随着航空对高超音速飞行器的追求,对隐身涂层、镀膜层、隔热涂层等高性能涂层的需求越发迫切。

5.2　材料技术

5.2.1　简介

随着现代航空航天技术的快速发展,新型航空材料的研发及应用越发重要。航空材料在直升机的制造和过程中起着关键作用,对飞行安全和性能表现有着不可忽视的影响,尤其是新材料在军事装备的服役性能上发挥着巨大作用。新材料是社会进步的里程碑、现代工业的关键技术和国家国防力量的物质基础。军用装备往往是新材料技术成果的优先使用者,新材料技术的研究和开发对国防工业和武器装备的发展起着决定性的作用,如图 5.1 所示。

(a) 石墨烯微结构(非金属)　　　　　　(b) 新型金属材料

图 5.1　新材料

5.2.2　航空材料的分类和特性

根据航空材料化学成分和物理特性的不同可以分为金属材料、复合材料和高温材料等多种类型。金属材料主要包括铝合金、钛合金和镍基合金等,具有强度高、耐腐蚀性好的特点;复合材料由纤维增强材料和黏合剂组成,具有质量轻、高强度和高刚度的特点;高温材料则适用于高温环境下的航空器结构,如陶瓷复合材料和高温合金。直升机结构中常用的金属材料有铝合金和钛合金,而复合材料则广泛应用于直升机机身和机翼等部件。

5.2.2.1　直升机选用材料分类

航空领域的新材料既是研制生产航空装备的物质保障,又是推动航空产品更新换代的技术基础。按材料本身的性质划分,航空材料分为金属材料、无机非金属材料、高分子材料和先进复合材料。按使用功能划分,航空材料又可分为结构材料和功能材料。对于结构材料,最关键的要求是质量轻、高强度和高温耐蚀;功能材料包括微电子和光电子材料、传感器敏感元材料、功能陶瓷材料、光纤材料、信息显示与存储材料、隐身材料和智能材料。航空材料包括直升机机体材料、发动机材料和机载设备材料。航空材料涉及范围较广,包括铝合金、钛合金、镁合金等轻合金,超高强度钢,高温钛合金,镍基高温合金,金属间化合物(钛铝系、铌铝系、钼硅系),难熔金属及其合金等高温金属结构材料,玻璃纤维、碳纤维、芳酰胺纤维、芳杂环纤维、超高分子量聚乙烯纤维等复合材料增强体材料,环氧树脂、双马来酰亚胺树脂、热固性聚酰亚胺树脂、酚醛树脂、氰酸酯树脂、聚芳基乙炔树脂等复合材料基体材料,先进金属基及无机非金属基复合材料,先进金属间化合物基复合材料,先进陶瓷材料,先进碳/碳复合材料和先进功能材料。

5.2.2.2　直升机选用材料

1. 铝合金

铝合金是武器轻量化首选的轻质结构材料,铝合金在航空工业中主要用于制造航空产品的蒙皮、隔框、长梁和桁条等。铝合金的发展趋势是高纯、高强、高韧和耐高温,在军事工业中应用的铝合金主要有铝锂合金、铝铜合金(2000 系列)和铝锌镁合金(7000 系列)。开发航空技术用铝合金时首先要解决的是如何在保证高使用可靠性及良好工艺性的前提下减轻结构质量。目前急待解决的问题是开发具有良好焊接性能的高强铝合金,并将其用于整体焊接结构。提高飞行器有效载荷的方法是提高强度或降低密度(不降低强度)。用锂对铝进行合金化可降低合金密度,提高弹性模量,已经用带卷轧制法生产出铝锂(Al-Li)合金板材,包括厚度小于 0.5 mm 的薄板。使用铝基层状复合材料可大幅度提高直升机蒙皮的可靠性、使用寿命和有效载荷,这种复合材料的特点是裂纹扩展速度特别低(仅为传统材料的 1/20 ～1/10)、强度(提高 50％～100％)和断裂韧性高,而密度较小(减轻 10％～15％),可作为机身蒙皮和修理裂纹铆钉材料。

20 世纪 80 年代前的航空铝合金材料发展见表 5.1。我国铝合金的发展阶段及其主要产品见表 5.2。

表 5.1　20 世纪 80 年代前的航空铝合金材料发展

划代	年代	发展阶段	需求牵引	关键技术推动	典型铝合金	应用情况
第一代	1906 年至 20 世纪 50 年代	静强度需求	减小结构质量,提高载重和航程	沉淀硬化技术	静强度铝合金(第一代):2024 — T3、7075—76 获得广泛应用	第一、二代战斗机和第一代民机的主体结构

续表 5.1

划代	年代	发展阶段	需求牵引	关键技术推动	典型铝合金	应用情况
第二代	20 世纪 60 年代	抗腐蚀性能需求	解决机体结构应力腐蚀问题	过时效制度	高强、耐腐蚀铝合金（第二代）：7075－T73、7075－T76 获得广泛应用	第一代民机、第二代战斗机的主体结构
第三代	20 世纪 60 年代末～70 年代末	综合性能需求	失效－安全设计需求	高纯化与微合金化技术	高纯铝合金（第三代）：7475、7050、2124、2324 获得广泛应用	第二代民机、第三代战斗机的主体结构

表 5.2　我国铝合金的发展阶段及其主要产品

序号	年代	技术推动	典型铝合金及应用
第一阶段	20 世纪 50～70 年代末	沉淀硬化技术	静强度铝合金 7A04－T6、2A12－T3 获得广泛应用
第二阶段	20 世纪 70～80 年代中期	过时效制度	高强、高耐蚀铝合金 7A09－T73、7A09－T76 获得广泛应用
第三阶段	20 世纪 80～90 年代中期	国外材料技术发展	高纯铝合金 7475、7050、2124、2324 没有得到批量生产和应用
第四阶段	20 世纪 90 年代中期至今	国外材料技术发展	高纯铝合金 7B04、2D12 等获得应用；对高强耐损伤铝合金 7055 和 2197 进行探索研究

2.高强钢

　　在现代直升机结构中,钢材用量稳定在 5%～10% 的水平,而在如超音速歼击机等直升机上,钢材是一种特定用途的材料。高强钢通常使用在要求高刚度、高比强度、高疲劳寿命,以及具有良好中温强度、耐腐蚀性和一系列其他参数的结构件中。无论是在半成品生产中,还是在复杂结构件的制造中,尤其是在以焊接作为最终工序的结构件生产中,钢材都是不可替代的材料。直升机制造业使用最多的钢材是强度水平为 1 600 ～1 850 MPa、断裂韧性为 77.5 ～91 MPa/m^2

的中合金化高强钢。目前,在保持同样断裂韧性指标的条件下,已将钢材的最低强度水平提高到 1 950 MPa,还开发出新型经济合金化的高抗裂性、高强度焊接结构钢。高强钢的发展方向为进一步完善冶金生产工艺、选择最佳的化学成分及热处理规范、开发强度性能水平为 2 100～2 200 MPa 的高可靠性结构钢。在活性腐蚀介质作用下使用的机身承力结构件,特别是在全天候条件下使用的承力结构件上,广泛使用高强度耐腐蚀钢,这种钢的强度水平与中合金结构钢相近,可靠性参数(断裂韧性、抗腐蚀开裂强度等)大大超过中合金结构钢。高强钢的优点是可采用不同的焊接方法实施焊接,焊接承力结构件时,焊后不必进行热处理,在热状态、冷状态下均具有良好的可冲压性等。最有希望适用高强钢的材料是马氏体类型的低碳弥散强化耐腐蚀钢和过渡类型的奥氏体马氏体钢,研究表明,在保持高可靠性和良好工艺性的条件下,上述材料能够大幅度提高高强度耐腐蚀钢的强度水平。低温技术装备是高强度耐腐蚀钢的一个特殊应用领域及发展方向。装备氢燃料发动机的直升机具有良好的发展前景,应该把在液氢和氢气介质中工作的无碳耐腐蚀钢作为研究方向。

3. 钛合金

钛合金具有较高的抗拉强度、较低的密度、优良的抗腐蚀性能特点,以及在高温条件下有一定的高温持久强度和优秀的低温冲击韧性,是一种理想的轻质结构材料。钛合金具有超塑性的功能特点,采用超塑成形-扩散连接技术可以以很少的能量消耗和材料消耗,将合金制成形状复杂和尺寸精密的制品,钛合金在直升机制造过程中主要用于制作机身结构件、起落架、支撑梁、叶片和接头等。20 世纪 50 年代初,在一些军用直升机上开始使用工业纯钛制造后机身的隔热板、机尾罩、减速板等结构件;60 年代,钛合金在直升机结构上的应用扩大到襟翼滑轨、承力隔框、起落架梁等主要受力结构中;70 年代以来,钛合金在军用直升机和发动机中的用量迅速增加,从战斗机扩大到军用大型轰炸机和运输机,它在 F14 和 F15 直升机上的用量占结构质量的 25%,在 F100 和 TF39 发动机上的用量分别达到 25% 和 33%;80 年代以后,钛合金材料和工艺技术进一步发展,一架 B1B 直升机需要 90 402 kg 钛合金材料。现有的航空航天用钛合金中,应用最广泛的是多用途的 a+b 型 Ti-6Al-4V 合金。近年来,国外相继研究出两种新型钛合金,分别是高强高韧可焊及成形性良好的钛合金和高温高强阻燃钛合金,这两种先进钛合金在未来的航空航天业中具有良好的应用前景。

4. 聚合物复合材料

代表航空航天技术开发水平的一个重要标志是聚合物复合材料使用数量的多少。聚合物复合材料在比强度和比刚度方面具有非常明显的优越性,兼备良好的结构性能和特殊性能,在航空领域获得了广泛应用。A3XX 直升机使用聚合物复合材料的比例达到 25%。采用以碳纤维增强塑料为基体的聚合物复合材料是减轻结构质量的有效措施。聚合物复合材料通常是指高弹性模量的碳纤维增强塑料,特点是刚度大(弹性模量为 196 GPa)、高温尺寸稳定性好,同时保持高的抗压强度为 1 000 MPa。在新一代航空技术装备中采用碳纤维增强塑料可提高尾翼部件(特别是尾尖部件)的空气动力学刚度,减轻结构质量,保证要求的飞行技术品质。高弹性模量的碳纤维增强塑料还可有效地应用于在开放的宇宙空间工作的接收与转发天线构件、无线电电子设备的承载构件、火箭零部件、薄壳构件及长的杆形件,热应力仅为金属构件的 1/20 ~1/10。高弹性模量碳纤维增强塑料的以上特性结合低密度,可制造供组装与维修空间站用的操作手。未来还需进一步改进碳纤维增强塑料的结构特性与特殊性能,特别是将工作温度提高到 400 ℃。

作为结构材料,新型复合材料——有机塑料将发挥越来越大的作用,正在研制第 2 代有机塑料。单一用途的有机塑料的 σ_b(抗拉强度)达到 3 000 ~ 3 200 MPa,E 提高到 130 GPa。试验研究表明,有可能获得弹性模量为 200~ 250 GPa 的有机塑料,需要指出的是,这实际上是将工作温度范围扩大 1 倍 (205~300 ℃),还可显著降低复合材料的吸水率。在比强度和比弹性模量方面,有机塑料将超过所有已知的以聚合物、金属和陶瓷为基体的复合材料。目前,以预浸胶工艺制造的玻璃纤维增强塑料结构件和碳纤维增强塑料结构件得到广泛应用,采用这种工艺方法时,只需一道工序就可制得具有普通曲率和复杂曲率的零件。与传统的聚合物复合材料相比,预浸胶基复合材料的抗裂性提高 40%~ 50%、抗剪强度提高 20%~50%、疲劳强度和持久强度提高 20%~35%。采用这种复合材料可使劳动量与耗能量减少 1/2,使结构质量(特别是在采用蜂窝填充剂的情况下)减轻 50%,结构密封性提高 5 倍。

5.3 热处理技术

在生产中过程中,如齿轮、转轴等零件是在弯曲、扭转等变动载荷,冲击载荷和摩擦条件下工作的。零件表面比芯部承受更高的应力,并且表面受磨损、腐蚀等失效较快,需要进行表面强化,使零件表面具有较高的强度、硬度、耐磨性、疲劳极限和耐受性等;而芯部仍保持足够的塑性、韧性防止脆断。对于这些零件,如单从材料选择入手进行整体热处理,并不能满足其性能要求,解决这一问题的方法是采用表面热处理或者化学热处理。热处理设备如图 5.2 所示。

图 5.2　热处理设备

5.3.1　表面热处理技术

表面热处理是指不改变零件的化学成分,仅为改变零件表面的组织和性能而进行的热处理工艺。表面淬火是最常用的表面热处理方法,通过快速加热仅对零件表层进行淬火。

根据加热方式不同,表面淬火可以分为感应淬火、火焰淬火、接触电阻加热淬火和电解液加热淬火等,本节重点介绍感应淬火。

5.3.1.1　感应淬火的原理

感应淬火利用电磁感应的原理,使零件在交变磁场中切割磁力线,在表面产生感应电流;又根据交流电的趋肤效应,以涡流形式将零件表面快速加热,而后急冷。其原理如图 5.3 所示。感应淬火在热处理领域中占有重要地位,这一技术已在我国广泛采用,多用于齿轮、链轮、轴、花键轴和销等金属零件的处理。

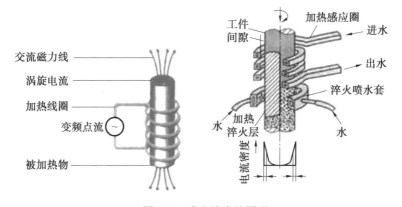

图 5.3　感应淬火的原理

5.3.1.2 感应淬火的特点

与普通加热淬火相比,感应淬火有如下优点。

(1)热源在零件表层,加热速度快,热效率高。

(2)零件非整体加热,变形小。

(3)零件加热时间短,表面氧化脱碳量少。

(4)零件表面硬度高,缺口敏感性小,冲击韧性、疲劳强度和耐磨性等均有很大提高,有利于发挥材料的潜力,节约材料消耗,延长零件的使用寿命。

(5)设备紧凑,使用方便,劳动条件好。

(6)便于机械化和自动化。

(7)不仅用于表面淬火,还可用于穿透加热与化学热处理等。

(8)加热速度极快,可扩大奥氏体转变温度范围,缩短转变时间。

(9)淬火后零件表层可得到极细的隐晶马氏体,硬度稍高(2~3 HRC),脆性较低,具有较高的疲劳强度。

(10)经该工艺处理的零件不易氧化脱碳,甚至有些零件处理后可直接装配使用。

(11)淬硬层深,易于控制操作,以及实现机械化、自动化。

(12)适于中碳钢35、45钢和中碳合金结构钢40Cr及65Mn,灰铸铁,合金铸铁的火焰淬火。用乙炔-氧或煤气-氧混合气燃烧的火焰喷射快速加热零件,零件表面达到淬火温度后立即喷水冷却。淬硬层深度为2~6 mm,否则会引起零件表面严重过热及变形开裂。

5.3.1.3 感应淬火的分类

感应淬火的分类见表5.3。

表5.3 感应淬火的分类

名称	频率范围	淬硬深度	适用零件
高频感应淬火	200~300 kHz	0.5~2 mm	在摩擦条件下工作的中小型零件,如小齿轮、小轴
中频感应淬火	1~10 kHz	2~8 mm	承受转矩、压力载荷的中大型零件,如主轴、齿轮等
工频感应淬火	50 Hz	10~15 mm	承受转矩、压力载荷的大型零件,如直径大于300 mm的冷轧辊

5.3.2　化学热处理技术

5.3.2.1　简介

1.化学热处理概念

化学热处理是将零件置于适当的活性介质中加热、保温,使一种或几种元素渗入它的表层,以改变其化学成分、组织和性能的热处理工艺。由于机械零件的失效和破坏大多数萌发在表层,特别是在可能引起磨损、疲劳、金属腐蚀和氧化等条件下工作的零件,表层的性能尤为重要。经化学热处理后的钢件可以认为是一种特殊复合材料,零件芯部为原始成分的钢,表层则是渗入了合金元素的材料。芯部与表层之间是紧密的晶体型结合,它比电镀等表面防护技术所获得的芯部、表面的结合强。

2.化学热处理的分类

化学热处理的方法多以渗入元素或形成的化合物来命名,例如渗碳、渗氮、渗硼、渗硫、渗铝、渗铬、渗硅、碳氮共渗、氧氮化和硫氰共渗,还有碳、氮、硫、氧、硼五元共渗和碳(氮)化钛覆盖等。

3.化学热处理的基本过程

化学热处理包括:化学渗剂分解为活性原子或离子的分解过程;活性原子或离子被钢件表面吸收和固溶的吸收过程;被渗元素原子不断向内部扩散的扩散过程。

(1)分解过程。

化学渗剂是含有被渗元素的物质。被渗元素以分子状态存在,它必须分解为活性原子或离子才可能被钢件表面吸收及固溶,很难分解为活性原子或离子的物质不能作渗剂使用,如普通渗氮时不用氮而用氨,因为氨极易分解出活性氮原子。

根据化学反应热力学,分解反应产物的自由能必须低于反应物的自由能,分解反应才可能发生,但仅满足热力学条件是不够的,在实际生产中还必须考虑动力学条件,即反应速度。提高反应物的浓度和反应温度,虽然均可加速渗剂的分解,但受材料或工艺等因素的限制。在实际生产中,使用催化剂降低反应过程的激活能,可使一个高激活能的单一反应过程变为若干个低激活能的中间过渡性反应过程,从而加速分解反应。铁、镍、钴、铂等金属都是使氨或有机碳氢化合物分解的有效催化剂,所以钢件表面本身就是良好的催化剂,渗剂在钢件表面的分解速率比其单独存在时的分解速率提高好几倍。

（2）吸收过程。

零件表面对周围的气体分子、离子或活性原子具有吸附能力，这种表面的物理或化学作用称为固体吸附效应。

（3）扩散过程。

渗入元素的活性原子或离子被钢件表面吸收和溶解，必然不断提高表面被渗元素的浓度，形成芯部与表面的浓度梯度。在芯部、表面之间浓度梯度的驱动下，被渗原子从表面向芯部扩散。在固态晶体中原子的扩散速率远低于渗剂的分解和吸收过程的速率，所以扩散过程往往是化学热处理的主要控制因素，即强化扩散过程是强化化学热处理生产过程的主要方向。由于化学热处理的三个过程是相互联系的，在某些具体条件下分解与吸收两个过程也有可能成为主要控制因素。

4. 化学热处理的基本工艺

化学热处理工艺包括渗剂的化学组成和配比、渗剂分解反应过程的控制和参数测定、渗入温度和时间、零件的准备、渗后的冷却规程和热处理、化学热处理后零件的清理及装炉量等。若按化学热处理工艺渗剂在热处理炉内的物理状态分类，可分为固体渗、气体渗、液体渗、膏糊体渗、液体电解渗、等离子体渗和气相沉积等工艺。

（1）固体渗。

固体渗所用渗剂是具有一定粒度的固态物质。它由供渗剂（如渗碳时的木炭）、催渗剂（如渗碳时的碳酸盐）和填料（如渗铝时的氧化铝粉）按一定配比组成。这种方法较简便，将零件埋入填满渗剂的铁箱内并密封，放入加热炉内加热保温至规定的时间即可，但质量不易控制，生产效率低。

（2）气体渗。

气体渗所用渗剂的原始状态可以是气体，也可以是液体（如渗碳时将煤油滴入炉内），但在化学热处理炉内均为气态。气体渗所用渗剂要求易分解为活性原子，渗层具有较好的性能。很多情况下可用其他气体（如氢、氮或惰性气体）将渗剂载入炉内，例如渗硼时可用氢气将渗剂 BC_{13} 或 B_2H_6 载入炉内。

等离子体渗法是气体渗的新发展，即辉光离子气渗法，最早应用于渗氮，后来应用于渗碳、碳氮共渗和硫氮共渗等方面。气相沉积法也是气体渗的新发展，主要应用于不易在金属内扩散的元素（如钛、钒等），主要特点是气态原子沉积在钢件表面，并与钢中的碳形成硬度极高的碳化物覆盖层或与铁形成硼化物等。

（3）液体渗。

液体渗的渗剂是熔融的盐类或其他化合物，它由供渗剂和中性盐组成。为了加速化学热处理过程的进行,附加电解装置后成为电解液体渗。在硼砂盐浴炉内渗金属的处理法是近年发展起来的工艺,主要应用于钛、铬、钒等碳化物形成元素的渗入。

5.3.2.2　渗碳技术

1. 渗碳原理及分类

渗碳是指将零件置于渗碳介质中加热并保温,使碳原子渗入零件表层的化学热处理。渗碳是金属材料常见的一种热处理工艺,它可以使渗过碳的零件表面获得很高的硬度,提高其耐磨程度。渗碳工艺广泛用于直升机、汽车机械零件,如齿轮、轴、凸轮轴等。

按含碳介质的不同,渗碳可分为气体渗碳、固体渗碳和液体渗碳。

(1)气体渗碳是将零件装入密闭的渗碳炉内,通入气体渗剂(甲烷、乙烷等)或液体渗剂(煤油或苯、酒精、丙酮等),在高温下分解出活性碳原子渗入零件表面,以获得高碳表面层的一种渗碳操作工艺。

(2)固体渗碳是将零件和固体渗碳剂(由木炭加促进剂组成)一起装在密闭的渗碳箱中,将渗碳箱放入加热炉中加热到渗碳温度,并保温一定时间,使活性碳原子渗入零件表面的一种最早的渗碳方法。

(3)液体渗碳是利用液体介质进行渗碳,常用的液体渗碳介质有碳化硅、"603"渗碳剂等。

2. 气体渗碳

气体渗碳是当前应用较多和发展较快的渗碳方法。气体渗碳能实现可控气氛,通过合理地调整工艺参数来稳定产品质量。RQ3 系列井式气体渗碳法如图 5.4 所示。

气体渗碳具有适合大量生产化、作业可以简化、品质管制容易等特点,因此被普遍采用。气体渗碳以天然气、丙烷和丁烷等气体为主剂,具有表面碳浓度可以调节,瓦斯流量、温度容易自动化控制,容易管理等优点;其缺点是设备昂贵,处理量少时成本高,需要专门的作业知识。

气体渗碳有滴注式和变成气体(也称为发生气体)两种。滴注式气体渗碳是将零件置于具有活性渗碳介质的密闭的井式气体渗碳炉中,加热到 $900\sim950$ ℃(常用 930 ℃)的单相奥氏体区,保温足够时间后,使渗碳介质中分解出的活性碳原子渗入钢件表层,从而使表层获得高碳,芯部仍保持原有成分。炉内的渗碳气氛主要由滴入炉内的煤油、丙酮、甲苯和甲醛等有机液体在高温下分解而成,主要由 CO、H_2 和 CH_4 和少量 CO_2、H_2O 等组成。

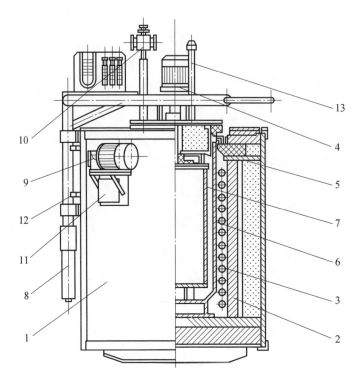

图 5.4　RQ3 系列井式气体渗碳法

1—炉壳；2—炉衬；3—加热元件；4—通风机组；5—炉盖；6—炉罐；7—装料筐；

8—液压机构；9—液压泵；10—滴量器；11—油桶；12—行程开关；13—排气管

气体渗碳同样由分解、吸收、扩散三个基本过程组成。首先是渗碳介质在高温下分解产生活性碳原子，即

$$CH_4 \longrightarrow 2H_2 + C \tag{5.1}$$

$$2CO \longrightarrow CO_2 + C \tag{5.2}$$

$$CO + H_2 \Longrightarrow H_2O + C \tag{5.3}$$

随后，活性碳原子被钢表面吸收而溶于高温奥氏体中，并向钢内部扩散形成一定深度的渗碳层。渗碳层深度主要取决于保温时间。在一定的渗碳温度下，保温时间越长，渗碳层越厚。如果用井式气体渗碳炉加热到 930 ℃，渗碳时间与渗碳层深度的关系见表 5.4。在生产中，常采用随炉试样检查渗碳层深度的方法来确定零件出炉时间。

表 5.4　930 ℃ 渗碳时渗碳时间与渗碳层深度的关系

渗碳时间/h	3	4	5	6	7
渗碳层深度/mm	0.4～0.6	0.6～0.8	0.8～1.2	1～1.4	1.2～1.6

3. 真空渗碳

真空渗碳是指将零件装入真空炉中抽真空并加热,使炉内净化,达到渗碳温度后通入碳氢化合物(如丙烷)进行渗碳,经过一定时间后切断渗碳剂,再抽真空进行扩散。卧式双室真空渗碳炉如图 5.5 所示。

图 5.5　卧式双室真空渗碳炉

真空渗碳是在真空中进行气体渗碳,渗碳温度较高,常用 1 030~1 050 ℃。真空对零件表面有净化作用,有利于其吸附碳原子,因而能显著缩短渗碳周期,仅为一般气体渗碳所需时间的 1/3。此外,在高温下真空炉不会增加保养方面的支出。真空渗碳不需要载气,可以直接通入渗碳气体(如天然气),也不需要控制碳势,渗层的碳浓度取决于活化期与扩散期的时间比例,因而不需要碳势控制仪器和气体发生器。真空渗碳对提高产品质量和节约能源方面有显著效益。

4. 渗碳用钢及渗碳后的热处理

渗碳用钢一般为低碳钢和低碳合金钢,其碳质量分数要求为 0.1%~0.25%,以保证零件芯部有足够的强度和韧性。渗碳钢中加入 Cr、Ni、Mn、Ti、Mo 等合金元素的目的是提高淬透性、细化晶粒、防止过热、提高芯部韧性。常用渗碳钢型号及用途见表 5.5。

表 5.5　常用渗碳钢型号及用途

类别	型号	用途
低强度钢	15、20、Q345、20Mn、20Mn2、15Cr、20Cr 等	制造小负荷耐磨件,如摩擦片、衬套、链条片及量、夹具等
中强度钢	20CrMn、20CrMnTi、15CrMnMo、20CrMnMo 等	制造中等负荷耐磨、耐疲劳件,如普遍轴类、齿轮类、销杆类、链轮类等

续表 5.5

类别	型号	用途
高强度钢	12Cr2Ni4A、18Cr2Ni4WA、20Cr2Ni430CrMnTi 等	制造高强度、重负荷耐磨、耐疲劳件,如大功率发动机轴、重载、要求高耐磨性的齿轮

零件渗碳后需要进行热处理,目的是提高渗层表面的强度、硬度和耐磨性,以及提高芯部的强度和韧性,细化晶粒,消除网状渗碳体和减少残留奥氏体量。本节介绍几种常用的渗碳后的热处理方法。

(1)直接淬火。

直接淬火是指零件渗碳后随炉降温(或出炉预冷)到 760～860 ℃后直接淬火的方法。随炉降温的目的是减少淬火内应力与变形,同时可以使高碳奥氏体析出一部分碳化物,降低奥氏体中的碳浓度,减少淬火后残留的奥氏体,从而获得较高的表面硬度。预冷的温度要根据零件的要求和钢的 A 点(即 Ar_3,830～880 ℃)位置而定。

直接淬火的优点是减少加热和冷却的次数,提高生产率,降低能耗及生产成本,还可减少零件变形及表面氧化、脱碳。

直接淬火适用于本质细晶粒钢制作的零件,不适用于本质粗晶粒钢制作的零件。另外,如果渗碳时表面碳浓度很高,则同样不适合直接淬火,因为预冷时碳化物一般沿奥氏体晶界呈网状析出,使脆性增大。

(2)一次淬火。

在渗碳缓慢冷却后,重新加热到临界温度以上淬火的方法称为一次淬火。当芯部组织强度要求较高时,一次淬火的加热温度应略高于 Ac_3;对于受载不大但表面性能要求较高的零件,淬火温度应选在 Ac_1 以上 30～50 ℃,使表面晶粒细化,而芯部组织无大的改善,性能略差。

(3)二次淬火。

对于力学性能要求很高或本质粗晶粒钢,应采用二次淬火。第一次淬火是为了改善芯部组织,加热温度为 Ac_3 以上 30～50 ℃。第二次淬火是为了细化表层组织,获得细晶马氏体和均匀分布的粒状二次渗碳体,加热温度为 Ac_1 以上 30～50 ℃。渗碳件常用的淬火方法如图 5.6 所示。

渗碳零件淬火后,在 150～250 ℃之间进行回火处理。非合金钢的回火温度一般为 150～180 ℃,合金钢的回火温度为 160～200 ℃。钢渗碳淬火加低温回火后表面硬度可达 58～64 HRC,耐磨性较好;芯部则硬度低,韧性较好。此外,

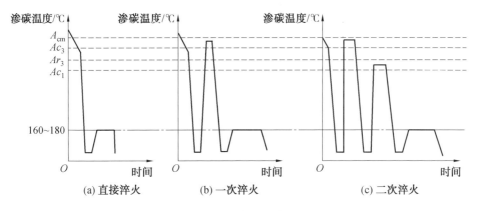

图 5.6　渗碳件常用的淬火方法

由于表层体积膨胀,芯部体积膨胀小,因此在表层造成压应力,提高零件疲劳强度。

5.渗碳层的组织和性能。

零件渗碳淬火后的表层显微组织主要是高硬度的马氏体加上残留奥氏体和少量的碳化物,芯部组织为韧性好的低碳马氏体组织,但应避免出现铁素体。一般渗碳层深度为 0.8~1.2 mm,深度渗碳时可达 2 mm 或更深。表面硬度可达 58~63 HRC,芯部硬度为 30~42 HRC。渗碳淬火后,零件表面产生压缩内应力,对提高工作的疲劳强度有利。因此,渗碳被广泛用来提高零件强度、冲击韧性和耐磨性,以延长零件的使用寿命。

5.3.2.3　渗氮技术

1.渗氮原理

渗氮是在一定温度下、一定介质中使氮原子渗入零件表层的化学热处理工艺。

钢件渗氮后形成以氮化物为主的表面层,具有很高的硬度(1 000~1 100 HV),并且在 600~650 ℃下保持硬度不下降,因此具有很高的耐磨性和热硬性。钢渗氮后,渗氮层体积增大,形成表面压应力使疲劳强度大大增加。此外,渗氮温度低,零件变形小。渗氮后表面形成致密且化学稳定性较高的氮化物层,所以耐蚀性好,在水中、过热蒸汽和碱性溶液中均很稳定。

常用的渗氮钢有 35CrAlA、38CrMoAlA 等。渗氮前零件需经调质处理,目的是使芯部组织稳定且具有良好的综合力学性能,在使用过程中尺寸变化很小,而渗氮后零件不需要热处理。

渗氮主要用于疲劳强度高、耐磨性好、尺寸精确的机器零件,如镗床、磨床的主轴、套筒蜗杆和柴油机曲轴等。由于表面抛光性能好，有一定的耐蚀性，也可以用于塑料模具。

目前应用的渗氮方法主要有气体渗氮和离子渗氮。

(1)气体渗氮。

气体渗氮又称为气体氮化，是在预先已排除空气的井式炉内进行的。它是把已脱脂净化的零件放在密封的炉内加热，并通入氨气，氨气在 380 ℃以上时按下式分解出活性氮原子：

$$2NH_3 \Longrightarrow 3H_2 + 2[N] \tag{5.4}$$

活性氮原子被钢的表面吸收，形成固溶体和氮化物(AlN)，随着渗氮时间的延长，氮原子逐渐向里扩散而获得一定深度的渗氮层。

常用的渗氮温度为 550～570 ℃，渗氮时间取决于所需的渗氮层深度，一般渗氮层深度为 0.4～0.6 mm，其渗氮时间为 40～70 h，因此气体渗氮的生产周期较长。

气体的渗氮工艺包括渗前准备、排气升温、渗氮保温和冷却。为使渗氮过程顺利进行，零件在装炉前要用汽油或酒精等去油、脱脂，清洗后的表面不允许有锈蚀及脏物。如果零件的某些部位不需要渗氮，可采用镀锡、镀铜或刷涂料的方法防渗。渗氮件不应有尖锐棱角，因为尖锐棱角处往往渗层较深，脆性较大。渗氮后出炉时应避免碰撞，细长及精密零件应吊挂冷却，以避免畸变和产生新的应力。

由于分解 NH_3 效率低，因此气体渗氮一般适用于含 Al、Cr、Mo 等元素的专用渗氮钢。气体渗氮主要用于耐磨性和精度要求很高的精密零件或承受交变载荷的重要零件，以及耐热、耐磨零件，如镗床主轴、高速精密齿轮、高速柴油机曲轴、阀门和压铸模等。

(2)离子渗氮。

离子渗氮是在一定真空度下利用零件阴极和阳极之间产生的辉光放电现象进行的，又称为辉光离子渗氮，离子渗氮装置如图 5.7 所示。

图 5.8 所示为离子渗氮炉，把金属零件作为阴极放入通有含氮介质的负压容器中，通电后介质中的氮氢原子被电离，在阴阳极之间形成等离子区。在等离子区强电场作用下，氮和氢的正离子以高速向零件表面轰击。离子的高动能转变为热能，加热零件表面至所需温度。由于离子的轰击，零件表面产生原子溅射，因而得到净化，同时由于吸附和扩散作用，氮遂渗入零件表面。

与一般的气体渗氮相比，离子渗氮的优点是：可适当缩短渗氮周期；渗氮层脆性小；可节约能源和氨的消耗量；对不需要渗氮的部分可屏蔽，实现局部渗氮；

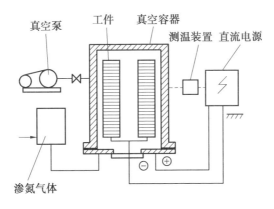

图 5.7 离子渗氮装置

图 5.8 离子渗氮炉

离子轰击有净化表面作用,能去除零件表面的钝化膜,可使不锈钢、耐热钢零件直接渗氮;渗层厚度和组织可以控制。离子渗氮的缺点是设备投资高、温度分布不均匀、操作要求严格等。

离子渗氮可用于轻载、高速条件下工作的需要耐磨耐蚀的零件及精度要求较高的细长杆类零件,如镗床主轴、精密机床丝杠、阀杆和阀门等。

2.渗氮用钢及其预备热处理

(1)渗氮用钢。

为了在钢表面获得高硬度和耐磨的渗氮层,必须采用含有某些合金元素的合金钢进行渗氮,因为氮与某些合金元素生成的氮化物比氮化铁稳定,同时氮与某些元素生成的氮化物在渗氮层中以高弥散度状态分布,使渗氮层具有很高的硬度。

常用的合金元素有 Al、Cr、V、Mo、Mn、W 等,常用的渗氮钢有 38CrMoAl、

35CrAl，渗氮后的表面硬度和耐磨性很高。用于提高疲劳强度的渗氮钢有38CrA、40CrNiMoA、18Cr2Ni4WA；不锈钢有 45Cr14Ni14W2Mo、Cr10Si2Mn（日本进口）；模具钢有 3Cr2W8V；弹簧钢有 50CrVA 等。

（2）预备热处理。

渗氮零件的加工工艺路线一般是：锻造→退火（或正火加高温回火）→粗加工→调质→半精加工→（去应力）→精加工→渗氮→精研（磨）。

从工艺路线可知，渗氮前的预备热处理包括退火（或正火加高温回火）、调质和去应力处理，这些工序都是为渗氮做准备的，因为零件渗氮后基本不再进行加工。

退火和正火的目的是细化组织，改善可加工性，消除内应力，并为调质做好组织准备。

调质处理是一道重要的预备热处理工序，目的是获得均匀且细小的索氏体组织。调质不仅使零件芯部具有良好的综合力学性能，而且会为渗氮做好必要的组织准备。调质处理的工艺规范对渗氮质量有很大影响。由于 38CrMoAlA 钢的临界点较高，Ac_1 为 790 ℃，Ac_3 为 900 ℃，Ar_1 为 740 ℃，同时含铝的铁素体稳定性高，加热时不易溶于奥氏体中，因此钢的正火和淬火温度均应提高，并且保温时间较一般合金结构钢长，通常保温时间是一般合金结构钢保温时间的1.5 倍。

如果淬火温度太低或保温时间不足，以致铁素体未能完全溶于奥氏体中，则渗氮时表面会有游离铁素体存在，使渗氮层的脆性大幅增加；相反，如果淬火温度太高，奥氏体的晶粒长大变粗，氮化物优先沿晶界伸展，在渗氮层中呈明显的波纹状或网状组织。

回火温度决定钢调质后的硬度，因此对渗氮质量有很大影响。回火温度越高，调质后的硬度越低，基体组织中碳化物的弥散度越小，则渗氮时，越有利于氮原子的渗入，因此渗速较快，渗层较深。随着回火温度的升高，渗氮层的硬度降低，并且芯部的硬度也略有下降。

形状复杂的零件需要进行去应力退火，以消除在切削加工过程中产生的应力，从而减少零件在渗氮过程中的变形。为防止调质硬度降低，去应力退火温度应比调质的回火温度低 40～70 ℃，保温时间应适当延长，保温后缓冷至 150 ℃以下出炉。常用材料气体渗氮的预备热处理工艺见表 5.6。

表 5.6　常用材料气体渗氮的预备热处理工艺

材料	预备热处理工艺
一般结构钢件	调质处理,高温回火温度应比渗氮温度高 20～40 ℃,保温时间不宜过长
冲击韧度值要求低的零件	采用正火,但正火冷却速度要快。断面尺寸较大的零件不得用正火
38CrMoAl 钢	采用调质,否则渗层中易出现针状氮化物。工具、模具钢渗氮前,需经淬火、回火处理,不得用退火
细长、薄壁、复杂和精密的零件	渗氮前需进行一次或多次去应力处理,去应力温度一般低于调质回火温度,高于渗氮温度

5.3.2.4　碳氮共渗与氮碳共渗

碳氮共渗和氮碳共渗是在金属零件表层同时渗入碳、氮两种元素的化学热处理工艺。

1. 碳氮共渗

碳氮共渗是以渗碳为主,同时渗入氮的化学热处理工艺。它在一定程度上克服了渗氮层硬度虽高但渗层较浅、渗碳层虽硬化深度大但表面硬度较低问题。近年来,采用碳氮共渗来强化各种零件的应用日益广泛,与渗碳相比,碳氮共渗的温度低,在 700～880 ℃ 可以直接淬火,而且变形小,由于氮的渗入提高了渗层的碳浓度,并使其具有较高的耐磨性。

应用较广泛的碳氮共渗有气体法和盐浴法。气体碳氮共渗介质是渗碳剂和渗氮剂的混合气,例如滴煤油(或乙醇、丙酮)、通氨;吸热型或放热型气体中酌加高碳势富化气并通氨;三乙醇胺或溶入尿素的醇连续滴注。$[C]$、$[N]$原子的产生机制除与渗碳、渗氮相同外,还有共渗剂之间的合成和分解:

$$CO + NH_3 \Longrightarrow HCN + H_2O \tag{5.5}$$

$$CH_4 + NH_3 \Longrightarrow HCN + 3H_2 \tag{5.6}$$

$$2HCN \longrightarrow 2[C] + 2[N] + H_2 \tag{5.7}$$

碳氮共渗并淬火、回火后的组织为含氮马氏体、碳氮化合物和残留奥氏体。厚度为 0.6～1.0 mm 的碳氮共渗层的强度、耐磨性与厚度为 1.0～1.5 mm 的渗碳层相当。为减少变形,中等载荷齿轮等可用低于 870 ℃ 的碳氮共渗代替在 930 ℃ 进行的渗碳。

盐浴法是将工件浸入处于熔融状态的盐液中加热。盐浴炉中的盐在加热后形成液态介质,主要靠传导方式将热量传递给工件,使工件达到所需的热处理温度。盐浴法具有加热速度快、温度均匀性好、防氧化脱碳能力强等优点。

常用的盐包括氯化钠(NaCl)、氯化钾(KCl)、氯化钡($BaCl_2$)等,或者是它们的混合盐。不同的盐或盐的组合可以提供不同的使用温度范围,如氯化钡盐浴可以用于较高温度的加热,温度范围能达到 1 000～1 350 ℃,适合一些高合金钢的热处理,但盐浴发存在环境污染和安全隐患,盐浴过程中使用的盐在高温下可能会挥发产生有害气体,如氯化物盐浴可能产生氯气等有害气体,对操作人员的健康和环境造成危害;高温盐浴存在烫伤风险,操作过程中如果盐浴飞溅或者工人不小心接触盐浴,会造成严重的烫伤,并且盐浴中的盐可能会受潮,在加热过程中可能会发生崩溅现象。

2.氮碳共渗

氮碳共渗是以渗氮为主,同时渗入碳的化学热处理工艺。在工业生产中已广泛应用的氮碳共渗有气体法和熔盐法。

(1)气体氮碳共渗。

常用氮碳共渗介质有 50%氨+50%吸热式气体、35%～50%氨+50%～60%放热式气体和通氨时滴注乙醇等数种,可在 500～650 ℃共渗 1～8 h,但通常在 550～580 ℃共渗 1.5～4.5 h。

(2)熔盐氮碳共渗。

熔盐氮碳共渗能实现少、无污染作业,介质由基盐、再生盐和氧化盐组成。由于主要活性成分 CNO^- 可控制在最佳值±1.5%,并且气流搅动促使温度均匀化,不仅处理周期比气体法处理周期短 40%～50%,而且强化效果优良、稳定。

氮碳共渗层由表及里分别为:$Fe_2-3(N,C)$ 或 $(Fe,M)2-3(N,C)$ 为主的化合物层;由 $Fe_2-3(N,C)$ 和 Fe_4N 弥散析出的主扩散层;增氮铁素体 a(N)的过渡层。氮碳共渗的优点是:零件尺寸变化微小且渗层兼有良好的耐磨、抗疲劳和减摩性能;在水、海水等介质中耐蚀;能处理回火温度高于 520 ℃的任何牌号的钢铁零件和刃具、模具,因此应用日益广泛。

(3)离子氮碳共渗。

离子氮碳共渗是通过在渗氮过程中添加含碳介质的方法,加快渗层的形成速率,有效缩短渗氮周期,提高资源利用率。

离子氮碳共渗工艺是一种环境清洁的、经济的、能赋予零件表面良好性能的工艺方法,从而避免环境污染、降低生产成本。

5.3.2.5　特种热处理技术

1. 渗硼

渗硼是将零件置于含硼介质中,经加热、保温,使硼原子渗入零件表层的化学热处理工艺。由于硼在钢中的溶解度很小,主要与铁和钢中某些合金元素形成硼化物,因此渗硼层一般由 Fe_2B 和 FeB 组成,但也可获得只有单一 Fe_2B 的渗层。单相渗的 Fe_2B 渗层硬度高、脆性小,是比较理想的渗硼层。

渗硼剂活性较高时形成双相型($FeB-Fe_2B$)渗硼层,适当降低活性可获得 Fe_2B 单相层。含有铬、钼、镍、钨、钛等元素的合金钢形成合金化的硼化物(Fe,M)B 和(Fe,M)$_2$B。化合物层之下为硼在铁素体和渗碳体中的固溶体 A(B) 和 Fe_3(C,B)。渗硼层硬度高达 $1\,300\sim1\,800$ HV,耐磨性比渗碳层、淬火层高 3 倍以上,并且加热至 700 ℃仍维持 900 HV 以上的高硬度。在硫酸、稀盐酸、醋酸、碱和海水中,渗硼层的耐蚀性与不锈钢相近。

渗硼方法有固体渗硼、气体渗硼、电解渗和盐浴渗硼。固体渗硼和非电解型的盐浴渗硼应用较广。前者适用于几何形状复杂,包括带有小孔、螺纹和不通孔的零件;后者处理几何形状简单而渗硼后需做淬火处理以提高基体强度的零件。

(1)固体渗硼。

中、小零件整体渗硼采用粒状和粉末状介质,大零件及局部渗硼采用膏剂,这些介质由供硼剂(可分别用 B_4C、$B-Fe$、非晶态硼粉)、催渗剂(KBF_4、NH_4Cl、NH_4F 等)和调节活性、支撑零件的填料(Al_2O_3、SiC、SiO_2 等)组成。渗硼可在 $650\sim1\,000$ ℃进行,常用温度为 $850\sim950$ ℃;保温时间为 $2\sim6$ h,不同钢种可获得深度为 $50\sim200$ μm 的渗硼层。

(2)盐浴渗硼。

盐浴渗硼所用的盐浴有:以硼砂为基,添加 5%～15% 氯化盐的盐浴;以氯化盐为基添加 BC 或再加 SiC 的盐浴。黏附于零件上的盐垢在处理后,甚至直到淬火后仍可局部残存,应仔细清洗干净。

2. 渗硫

渗硫是零件在含硫介质中加热,形成以 FeS 为主的零件表面的化学热处理工艺。钢铁零件渗硫后表层形成 FeS 或 $FeS+FeS_2$ 薄膜,膜厚度为 $5\sim15$ μm。渗硫层硬度较低,但减摩作用良好,能防止摩擦副表面接触时因摩擦热和塑性变形而引起的擦伤和咬死,但在载荷较高时渗层会很快破坏。

目前工业应用较多的是在 $150\sim250$ ℃进行低温渗硫,如低温电解渗硫,其工艺流程为:脱脂→酸洗→清洗→干燥→装夹具→烘干(预热)→电解渗硫→空冷至室温→清洗→烘干→浸入 100 ℃油中→检验。其中,夹具应使用不易渗硫的材料制成,如铬不锈钢等。

由于渗硫层是化学转化膜,因此不适合非铁金属及表面具有氧化物保护薄膜的不锈钢等使用。一般渗硫在淬火、渗碳、氮碳共渗之后进行。

3.渗锌

渗金属是指金属原子渗入钢表面层的过程,它使钢表面层合金化,以具有某些合金钢、特殊钢的特性,如耐热、耐磨、抗氧化、耐腐蚀等,生产中常用渗铝、渗铬和渗锌等技术。零件渗锌后可提高耐大气腐蚀能力,这是因为锌比铁更显正电性,在腐蚀介质中锌首先被腐蚀,使基体受到保护。工业上多采用粉末渗锌,即以锌粉作为渗剂,也有加稀有气体或活性材料的,一般在 380~400 ℃下进行,通常保温 2~4 h。热浸渗锌是将零件浸入 400~500 ℃的熔融纯锌中扩散渗入,渗锌层与基体有良好的结合力、厚度均匀,适用于形状复杂的零件,如可以作为带有螺纹、内孔等零件的保护层。

5.4　表面处理技术

5.4.1　表面处理技术分类及特点

表面处理技术的种类很多,应用范围各异,本节对不同分类方法的表面处理技术进行介绍。

5.4.1.1　按学科特点分类

1.表面涂镀技术

表面涂镀技术是指将液态涂料涂覆在材料表面,或者将镀料原子沉积在材料表面,从而形成涂层或镀层的技术。典型的表面涂镀技术包括热喷涂、堆焊、电镀、化学镀、气相沉积和涂装等技术。

2.表面改性技术

表面改性技术是指利用热处理、机械处理、离子处理和化学处理等方法,改变材料表层的成分及性能的技术。常用的表面改性技术包括热扩渗、转化膜、表面合金化、离子注入和喷丸强化等技术。

3.表面薄膜技术

表面薄膜技术是指采用各种方法在零件(或衬底)表面上沉积厚度为 100 nm~1 μm 或数微米厚薄膜的技术。按技术特点可以将薄膜分为光学薄膜、微电子学薄膜、光电子学薄膜、集成光学薄膜、信息存储薄膜和保护功能薄膜；按膜层组成可以将薄膜分为金属膜、合金膜、有机化合物膜和陶瓷膜等。其制备方法主要是气相沉积。

5.4.1.2　按表面化学成分是否改变分类

1. 表面化学成分改变

在改变表面化学成分的同时也改变表面的组织结构，从而使表面拥有不同的性能。

（1）表面有镀覆层。

通过涂装、贴片、包箔、电镀、化学镀、气相沉积、熔覆、热喷涂、热浸镀和堆焊等表面覆层的方法，在基体表面形成一层或数层有一定厚度的且与基体不同的材料，获得化学成分、组织结构和性能有别于基体的表面镀覆层。

（2）表面无附加覆层。

利用阳极氧化、化学热处理、表面合金化和离子注入等表面改性的方法，使所需的原子（或离子）进入基体表面，达到改变基体表面化学成分、相结构和性能的目的。

2. 表面化学成分不改变

保持原材料表面的化学成分不变，通过表面淬火、喷丸、滚压和重熔等方法改变表面的组织结构，进而提高表面的使用性能。

5.4.1.3　按表面覆层的种类分类

1. 表面无覆层

通过化学预处理、精整和机械强化等不改变基体表面的化学成分，只改变其表面形态、应力状态和组织结构等。

2. 表面金属覆层

利用电镀、化学镀、热喷涂、热浸镀、熔镀、气相沉积和表面合金化等，在基体表面形成金属、合金和金属基复合层。

3. 表面有机覆层

使用涂装等方法，在基体表面涂覆涂料、橡胶、塑料和柏油涂层等。

4. 表面无机覆层

借助热喷涂、熔烧和烘烤等方法，在基体表面涂覆搪瓷、玻璃、陶瓷和水泥涂层等。

5. 表面化学转化层

通过电化学、化学处理，在钢铁或锌、铝、镁、钛金属或合金表面形成氧化物、磷酸盐、铬酸盐、草酸盐膜层等。

5.4.1.4 按作用机制分类

1.原子沉积

原子沉积是指沉积物质以原子、离子、分子和粒子团等原子尺度粒子形态在材料表面形成外加镀覆层,包括电镀、化学镀、气相沉积等。

2.颗粒沉积

颗粒沉积是指沉积物质以宏观颗粒的形态在材料表面形成覆盖层,包括热喷涂、搪瓷涂覆等。

3.整体覆盖

整体覆盖是将覆盖材料均匀涂覆在材料的工作表面,包括热浸镀、贴片、涂装和堆焊等。

4.表面改性

表面改性利用物理、化学、机械等方法改变材料表面的结构和性能,包括电化学转化、表面处理、化学热处理、离子注入和喷丸等。

5.4.1.5 按工艺方法特点分类

1.电化学法

通过电极反应在材料基体表面形成镀覆层,如电镀、电刷镀和阳极氧化等。

2.化学方法

通过化学物质的相互作用和转化在基体表面形成镀覆层,如化学镀、化学转化等。

3.热加工法

在高温下将材料熔融或热扩散,在基体表面形成涂渗层,如热喷涂、热浸镀、堆焊、熔覆和表面合金化等。

4.高真空法

利用材料在高真空条件下汽化、受激离子化而形成表面镀覆层,如真空蒸镀、离子镀和溅射镀等。

5.4.1.6 按表面层功能特性分类

1.装饰

表面具有不同的色泽、花纹等,美化材料的外观,提升视觉欣赏性。

2.耐磨减摩

表面可耐磨粒磨损、黏着磨损、腐蚀磨损等,具有抗摩擦咬死、减摩自润滑、可磨耗密封等特性。

3.耐腐蚀

表面耐大气、海水、土壤等化学介质的浸蚀腐蚀等。

4.耐热及热功能

表面具有耐热、抗高温氧化、抗热疲劳、热绝缘、热辐射等特性。

5.光、电、磁等特种功能

表面光、电、磁、透光、反光、消光、导电、超导、绝缘、半导体、软磁、硬磁、磁光等特性。

6.其他

表面具有吸波、红外反射、太阳能吸收、屏蔽、焊接性、热加工、修复、催化和生物功能等特性。

5.4.2　转化膜技术

5.4.2.1　简介

常见的铝合金表面处理主要有阳极氧化、微弧氧化和化学转化等。

(1)阳极氧化是将铝合金样品作为阳极,将导电材料作为阴极,通过电解作用在铝合金表面生成氧化膜的过程。阳极氧化工艺简单,原料成本低,氧化膜着色性好,但不同电解液所得的氧化膜厚度、耐蚀性和力学性能等差别较大。

(2)微弧氧化是将铝合金置于电解液中,再加以高压电场的作用,在铝合金表面沉积一层陶瓷质氧化膜的方法。微弧氧化多采用弱碱性溶液,属于环境友好型工艺,与阳极氧化相比,微弧氧化反应更强烈、成膜过程可以分几次进行、应用范围更广、结合力与耐腐蚀性能比阳极氧化膜更好,但微弧氧化的成膜机理不明确、转化膜耐污性较差,同时微弧氧化需要高能电场,处理成本较高。

(3)化学转化法拥有成本低、应用范围广、氧化效果好等诸多优势,以及化学转化膜处理不需要外加电源,工艺操作简单,生产成本低,对基材的力学性能没有明显影响等,广泛应用于工业生产中。铬酸盐转化膜是应用最久、耐蚀性最好,以及具有自愈功能的化学转化膜。

5.4.2.2　金属表面化学氧化技术

1.钢铁的化学氧化

钢铁的化学氧化过程也称为发蓝或发黑。它是指将钢铁浸在含有氧化剂的溶液中,经过一定时间后,在其表面生成一层均匀的、以 Fe_3O_4 为主要成分的氧化膜的过程。发蓝后的钢铁表面氧化膜的色泽取决于零件表面的状态、材料成分和发蓝处理时的操作条件,一般为蓝黑到黑色。碳质量分数较高的钢铁氧化膜呈灰褐色或黑褐色。发蓝处理后膜层厚度可达到 $0.5\sim1.5\ \mu m$,氧化膜层对零件的尺寸和精度无显著影响。

钢铁发蓝处理广泛用于机械零件、精密仪表、气缸、弹簧、武器和日用品的一般防护和装饰,该工艺具有成本低廉、效率较高、不影响零件尺寸和精度、无氢脆等特点,但在使用中应定期擦油。

钢铁的发蓝工艺和温度有关,根据处理温度的高低,钢铁的发蓝法可分为高温化学氧化法和常温化学氧化法。这两种方法选用的处理液成分不同,形成膜的成分不同,成膜机理也不同。

(1)钢铁高温化学氧化处理。

高温化学氧化又称碱性化学氧化,是传统的发蓝方法。

一般配方为在强碱氢氧化钠溶液里添加硝酸钠和亚硝酸钠氧化剂,在 $135\sim145\ ℃$ 下处理 $60\sim90$ 分钟,生成以 Fe_3O_4 为主要成分的氧化膜。膜厚度一般在 $2\ \mu m$ 左右,氧化膜经肥皂液洗、水洗、干燥、浸油后,其耐蚀性较基体有较大幅度提高,同时美化了外观。

钢铁高温化学氧化的生产工艺流程为:有机溶剂脱脂→化学脱脂→热水洗→流动水洗→酸洗(盐酸)→流动冷水洗→化学氧化→回收槽浸洗→流动冷水洗→后处理→干燥→检验→浸油。

(2)钢铁常温化学氧化处理。

钢铁常温化学氧化又称酸性化学氧化,也称钢铁常温发蓝处理。与高温发蓝处理工艺相比,常温发蓝处理具有节能环保、高效(氧化速度快,通常为 $2\sim4$ 分钟)、低成本和操作简单等优点,同时所得的膜层耐蚀性能和均匀性良好。其缺点是槽液不稳定、寿命短等,故要随用随配,但氧化膜层附着力稍差。

钢铁常温发蓝处理可得到黑色或蓝黑色氧化膜,其主要成分是硒化铜(CuSe),功能与 Fe_3O_4 相似,其工艺流程也与高温发蓝处理基本相同。目前,常温发蓝溶液主要成分是硫酸铜($CuSO_4$)、二氧化硒,还含有各种催化剂、缓冲剂、络合剂和辅助材料。

2. 铝及铝合金的化学氧化

众所周知,铝的新鲜表面在大气中会立即生成自然氧化膜,这层氧化膜虽然非常薄,但赋予铝一定的耐蚀性,因此铝比钢铁耐蚀性好。随着合金成分与暴露时间的不同,这层膜的厚度发生变化,一般膜厚度为 $0.005\sim0.015\ \mu m$,但这个厚度范围不足以保护铝免于腐蚀,也不足以作为有机涂层的可靠底层。通过适当的化学处理,氧化膜的厚度可以增加 $100\sim200$ 倍,从自然氧化膜成为化学氧化膜。

铝的化学转化处理是在化学转化处理液中，金属铝表面与溶液中化学氧化剂反应，而不是通过外加电压生成化学转化膜的化学处理过程。化学转化膜又称为化学氧化膜、化学处理膜。铝及铝合金经过化学氧化可得到厚度为 $0.5 \sim 4\ \mu m$ 的氧化膜，膜层多孔，具有良好的吸附性，可作为有机涂层的底层，但其耐磨性和耐蚀性均不如阳极氧化膜好。化学氧化法的特点是设备简单、操作方便、生产率高、不消耗电能和成本低。化学氧化法适用于一些不适合阳极氧化的铝及铝合金制品的表面处理。

5.4.2.3　阳极氧化技术

1. 铝及铝合金的阳极氧化

(1) 铝及铝合金的阳极氧化机理。

将铝及铝合金放入适当的电解液中，以铝零件为阳极，其他材料为阴极，在外加电流的作用下，使其表面生成氧化膜，这种方法称为阳极氧化，铝阳极氧化原理如图 5.9 所示。

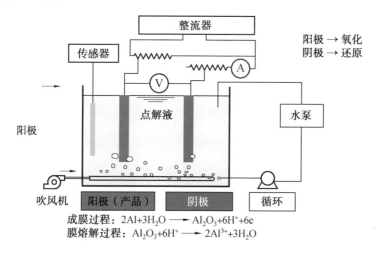

成膜过程：$2Al + 3H_2O \longrightarrow Al_2O_3 + 6H^+ + 6e$
膜熔解过程：$Al_2O_3 + 6H^+ \longrightarrow 2Al^{3+} + 3H_2O$

图 5.9　铝阳极氧化原理

(2) 阳极氧化膜的结构和性质。

多孔形阳极氧化膜的微孔是有规律地垂直于金属表面的孔形结构。假定硫酸阳极氧化膜的厚度为 $10\ \mu m$，由于微孔的直径一般小于 $20\ nm$，因此微孔的长度大于直径的 500 倍，可以说这个孔实际上是一根细长的直管。微孔的密度可以达到 760 亿个孔/cm^2，阳极氧化膜的微观结构如图 5.10 所示。

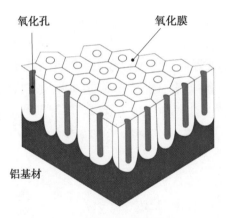

图 5.10　阳极氧化膜的微观结构

阳极氧化膜的孔形较多采用高分辨扫描电子显微镜(scanning electron microscope,SEM)直接观测,从各角度直接揭示阳极氧化膜的多孔形结构与形貌,如图 5.11 所示。

(3)阳极氧化工艺。

铝及铝合金阳极氧化的工艺流程为表面整平→上挂架→化学脱脂→清洗→中和→清洗→碱蚀→清洗→阳极氧化→清洗→染色或电解着色→清洗→封闭→机械光亮→检验。

铝合金阳极氧化工艺生产线如图 5.12 所示。铝合金阳极氧化后的产品零件如图 5.13 所示。

(4)阳极氧化膜的封闭处理。

由于阳极氧化膜的多孔结构和强吸附性能,表面易被污染,特别是腐蚀介质进入孔内易引起腐蚀。因此阳极氧化膜形成后,无论是否着色都需及时进行封闭处理,封闭氧化膜的孔隙,提高耐蚀性、绝缘性和耐磨性等性能,减弱对杂质或油污的吸附。封闭的方法有热水封闭法、水蒸气封闭法、重铬酸盐封闭法、水解封闭法和填充封闭法等。

重铬酸盐封闭法是在具有强氧化性的重铬酸钾溶液中,同时在较高的温度下进行的。当经过阳极氧化的铝零件进入溶液时,氧化膜孔壁的 Al_2O_3 与水溶液中的重铬酸钾($K_2Cr_2O_7$)发生下列化学反应:

$$2Al_2O_3+3K_2Cr_2O_7+5H_2O=2AlOHCrO_4+2AlOHCr_2O_7+6KOH \qquad (5.8)$$

生成的碱式铬酸铝及碱式重铬酸铝和热水分子与氧化铝生成的一水合氧化铝及三水合氧化铝一起封闭了氧化膜的微孔。此法处理过的氧化膜呈黄色,耐蚀性较好,适用于以防护为目的的铝合金阳极氧化后的封闭,不适用于以装饰为目的的着色氧化膜的封闭。

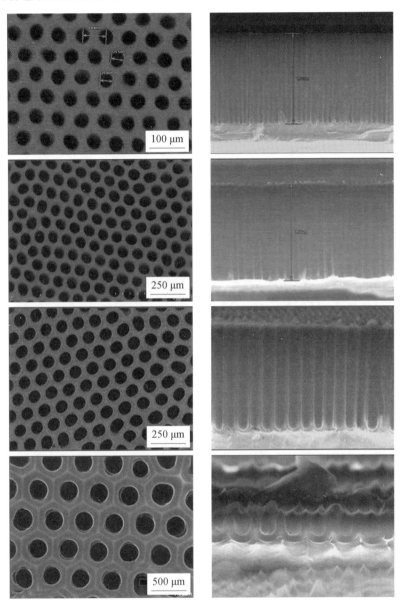

图 5.11　阳极氧化膜多孔形结构及阳极氧化膜 SEM 照片

图 5.12　铝合金阳极氧化工艺生产线

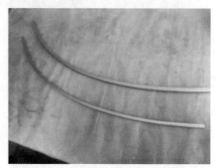

图 5.13　铝合金阳极氧化后的产品零件

2. 硬质阳极氧化

铝的硬质阳极氧化是以阳极氧化膜的硬度与耐磨性作为首要特性的技术，这种膜一般以通用工程应用或军事应用为目的，膜厚度通常大于25 μm。硬质阳极氧化与普通阳极氧化没有严格的界限，硬质阳极氧化为了满足硬度和耐磨性，其槽液温度低，电流密度高，更多采用特殊电解溶液。硬质阳极氧化技术既适用于变形铝合金，也常用于制造零部件的压铸铝合金。作为工程应用的硬质氧化膜一般厚度为25～150 μm，膜厚度小于25 μm 的氧化膜使用的场合比较少，有时在齿键和螺线上使用。在耐磨和绝缘的适用场合，例如活塞、气缸等动摩擦机械部件，最常用的厚度是50～180 μm。工业上常用的硫酸硬质阳极氧化，有时添加一些草酸和（或）其他有机酸，电解温度一般是在10 ℃以下，电流密度一般为2～5 A/dm^2。铝合金硫酸硬质阳极氧化原理如图5.14所示。

硬质阳极氧化最广泛使用的新型电源是直流单向脉冲技术，自20世纪80年代末以来，硬质阳极氧化生产使用脉冲整流电源。首先在日本兴起的脉冲阳极氧化电源，接着意大利和美国相继采用脉冲阳极氧化电源。其主要优点是可以在较高电流密度下操作，许多合金即使电流密度维持在3 A/dm^2 都不会发生

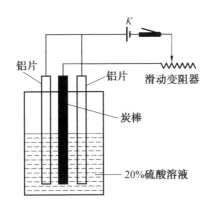

图 5.14　铝合金硫酸硬质阳极氧化原理

烧损问题,这样使得硬质阳极氧化生产既保持高质量的氧化膜,又实现高效率的稳定生产。

3.微弧阳极氧化技术

微弧阳极氧化又称为等离子体电解氧化,是将 Al、Mg、Ti 等金属及其合金作为阳极浸渍于电解液中,在较高电压及较大电流所形成的强电场下,使零件由普通阳极氧化的法拉第区进入高压放电区,使材料表面产生微弧放电,在复杂的反应中,金属表面直接原位生长出陶瓷质氧化物陶瓷膜的一项新技术。微弧阳极氧化过程包含放电的火花、热和电化学和等离子体化学反应等。

等离子体氧化法制备陶瓷膜的工艺流程一般为表面清洗→微弧氧化→自来水冲洗→自然烘干。微弧氧化法多采用弱碱性电解液,常用的电解液有氢氧化钠、硅酸钠、铝酸钠、磷酸钠和偏磷酸钠等。上述电解液可以单独使用或混合使用,还可以加入少量添加剂以改善膜层性能。施加的电压可以是直流、交流、脉冲或直交流叠加。其工作电压随电解液体系而异,一般不低于 300 V,最高可达1 000 V 以上。电流密度通常根据膜层厚度、耐磨、耐蚀、耐热等要求在 2～40 A/dm² 范围内选定。微弧氧化法对电解液温度的要求很高,氧化过程中释放的热量很大,如果不能及时排除热量,微区周围的溶液温度急剧上升,这会促使膜层溶解,因此需要对溶液进行冷却和强制循环。

5.4.2.4　钢铁的磷化处理

金属在含有锰、铁、锌的磷酸盐溶液中进行化学处理,使金属表面生成一层难溶于水的结晶型磷酸盐保护膜方法,称为磷酸盐处理,也称磷化处理。磷化膜主要成分是 $Fe_3(PO_4)_2$、$Mn_3(PO_4)_2$、$Zn_3(PO_4)_2$,厚度一般为 1～50 μm,具有微孔结构,膜的颜色一般由浅灰到黑灰色,有时也可呈彩虹色。

磷化膜层与基体结合牢固，经钝化或封闭后具有良好的吸附性、润滑性、耐蚀性和较高的绝缘性等，广泛应用于汽车、船舶、航空航天、机械制造和家电等工业生产中，如用作涂料涂装的底层、金属冷加工时的润滑层、金属表面保护层和硅钢片的绝缘处理、压铸模具的防黏处理等。磷化处理得当，可使漆膜附着力提高 2～3 倍，整体耐蚀性提高 1～2 倍。

5.4.2.5 铬酸盐钝化处理

把金属或金属镀层放入含有某些添加剂的铬酸或铬酸盐溶液中，通过化学或电化学的方法使金属表面生成由三价铬和六价铬组成的铬酸盐膜，称为金属的铬酸盐钝化处理。该方法产生的废液不易处理，污染环境。

铬酸盐钝化处理多在室温下进行，具有工艺简单、处理时间较短和适应性强等优点。铬酸盐钝化处理主要用于电镀锌、电镀铬钢材的后处理工序，也可作为 Al、Mg、Cu 等金属及合金的表面防护层。铬酸盐膜耐蚀性高，镀锌层经过钝化处理，耐蚀性可提高 6～8 倍。

铬酸盐膜为无定形膜，主要由三价铬和六价铬的化合物组成。三价铬化合物为膜的不溶部分，具有足够的强度和稳定性，成为膜的骨架；六价铬化合物为膜的可溶部分，分散在骨架的内部起填充作用。当钝化膜受到轻度损伤时，可溶性六价铬化合物能使损伤处再钝化，使膜自动修复，这是铬酸盐钝化膜耐蚀性特别好的根本原因。

钝化膜形成后的烘干称为老化处理。新生成的钝化膜较柔软，容易磨掉，加热可使钝化膜变硬，成为憎水性的耐腐蚀膜，但老化温度不应超过 75 ℃，否则钝化膜失水产生网状龟裂，同时可溶性的六价铬转变为不溶性的六价铬，使膜失去自修复能力。若老化温度低于 50 ℃，成膜速度太慢，所以一般采用 60～70 ℃。

5.4.3 金属表面镀层技术

5.4.3.1 电镀技术

1.电镀概念及分类

电镀是利用电解的方式，使金属或合金沉积在零件表面，从而获得均匀、致密、结合力良好的金属层的过程。电镀时待镀零件与电源负极相连作为阴极，浸入含有欲沉积金属离子的电解质溶液中，阳极为欲沉积金属的板或棒，某些电镀也使用石墨、不锈钢、铅或铅锑合金等不溶性阳极。

电镀按施镀方式可分为挂镀、滚镀、连续电镀和刷镀等，可以根据镀件的尺寸和批量选择合适的电镀方式。其中，挂镀是最常见的一种电镀方式，电镀镀件悬挂在导电性能良好的排具上,再浸入镀液中作阴极,适合于一般尺寸或尺寸较大零件的电镀;滚镀也是一种常见的电镀方式,适用于小尺寸、大批量生产的零件的电镀,电镀时镀件置于多角形的滚筒中,依靠自身重力来接触滚筒内的阴极。

2.电镀原理及工艺

(1)电镀的基本原理。

把预镀零件置于装有电镀液的镀槽中,镀件接直流电源的负极,作为电镀时的阴极;而镀层金属或石墨等置于镀槽中接直流电源的正极,作为电镀时的阳极。通电后,镀液中的金属离子在阴极附近因得到电子而还原成金属原子,进而沉积在阴极零件表面上,从而获得镀层。电镀件主要依靠的是电化学原理,所以电镀有电极电位差、镀液和电源三个必要条件。本节以镀铜为例说明电镀的基本过程。电镀的基本原理如图 5.15 所示。

将零件置于以硫酸铜为主要成分的电镀液中作为阴极,金属铜作为阳极。接通直流电源后,电流通过两极及两极间含 Cu^{2+} 的电解液,电镀液中的阴、阳离子会发生电迁移现象,即在电场作用下,阴离子向阳极移动,阳离子向阴极移动。Cu^{2+} 在阴极上被还原沉积成镀层,阳极的金属铜被氧化成 Cu^{2+}。其化学反应如下。

阴极(零件)上的化学反应是还原反应:

$$Cu^{2+} + 2e^- \!=\!=\! Cu \tag{5.9}$$

阳极上的反应为氧化反应:

$$Cu - 2e^- \!=\!=\! Cu^{2+} \tag{5.10}$$

电镀后的镀层完整、均匀、致密,达到一定的厚度要求且与基体金属结合牢固,还要具有一定的物理化学性能,这样的镀层才能起到良好的保护作用。

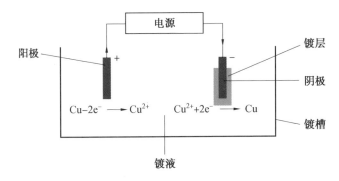

图 5.15　电镀的基本原理

（2）电镀的工艺过程。

电镀的工艺过程一般包括电镀前表面预处理、电镀、电镀后处理三个阶段。

①电镀前表面预处理。

电镀前的表面预处理是为了获得洁净、有活性的基体金属，为获得高质量镀层做准备。预处理主要有磨光、脱脂、除锈和活化等。为了使零件表面粗糙度达到一定要求，可以先用磨光或抛光方法打磨表面，再用化学、电化学方法去除油脂；然后用机械、酸洗或电化学方法除锈；最后的活化处理一般是在弱酸中浸泡一段时间。

②电镀。

工业生产中，电镀的实施方式多种多样，根据镀件的形状、尺寸和批量的不同采用不同的施镀方式。其中，挂镀是最常见的一种施镀方式，适用于普通形状和尺寸较大的零件。挂镀时零件悬挂于用导电性能良好的材料制成的挂具上，然后浸没在镀液中作为阴极，两边适当的位置放置阳极。

挂具和阴极杆的接触是否良好对电镀质量至关重要，尤其是在大电流镀硬铬及装饰性电镀中采用阴极移动的搅拌时，往往因接触不良而产生接触电阻，使电流不通畅，从而产生断续停电现象，引起镀层结合力不良，还会影响镀层厚度，造成耐蚀性能降低。因此在加工挂具和使用时，需要保持挂具与阴极杆之间良好的接触。导电杆截面常用的有圆形和矩形，要求挂钩设计时的悬挂方法也不同。

如果试样尺寸较小或批量较大，可以采用滚镀。滚镀是将镀件置于多角形的滚筒中，依靠自身重力接触筒内的阴极，在滚筒转动的过程中实现电镀沉积。滚镀比挂镀节省劳动力，生产效率高，设备维修少，占地面积小，镀层均匀，但滚镀不适合太大和太轻零件的电镀，并且滚镀槽电压高，槽液温升快，镀液带出量大。

如果对零件进行局部施镀或修补，可以采用刷镀。成批的线材和带材可以采用连续镀。

③电镀后处理。

电镀后处理主要有钝化处理、除氢处理、表面抛光。钝化处理是为了提高镀层的耐蚀性，还可以增加镀层光泽和抗污染能力；除氢处理是为了避免镀件产生氢脆，一般是在一定温度下热处理几个小时；表面抛光是对镀层进行精加工，降低表面粗糙度，使镀层获得镜面装饰性效果，还可以提高耐蚀性。

3. 单金属和合金电镀

(1)镀锌。

镀锌主要用于钢铁材料表面的防护性镀层。对钢铁材料来说,镀锌层是阳极镀层,兼有电化学保护和机械保护的双重作用,耐蚀性良好。镀锌层的防护能力与镀锌层厚度和孔隙率有关,镀锌层越厚,孔隙率越低,耐蚀性越好。镀锌层的厚度至少要满足零件在设计寿命内的正常工作需要,一般镀锌层厚度为 6～20 μm,用于恶劣条件下的零件镀锌层厚度在 25 μm 以上。相同厚度的镀锌层,经过钝化处理后的防护能力比未钝化处理的防护能力提高了 5～8 倍。钝化膜具有多种色彩,甚至可以获得香味镀锌。

(2)镀铜。

电镀铜主要用于以锌、铁等金属作为基体的材料,这些金属表面获得的镀铜层属于阴极镀层。当镀铜层有缺陷、受到破损或有空隙时,在腐蚀介质的作用下,基体金属作为阳极会加快腐蚀,比未镀铜时腐蚀得更快,因此单镀铜很少用于防护装饰性镀层,而常作为其他镀层的中间镀层,以提高表面镀层金属和基体的结合力。采用厚镀铜(底层)加薄镀镍的镀层可以减少镀层孔隙和镍的消耗。渗碳或渗氮时镀铜层还可以保护局部不需要渗碳和渗氮的部位,因为碳和氮在铜中的扩散和渗透很困难。钢丝上镀厚铜来代替铜导线,可以减少铜的消耗量。

(3)镀铬。

铬是一种微带天蓝色的银白色金属。铬在大气中具有强烈的钝化能力,会生成一层很薄的致密氧化膜,表现出很好的化学稳定性。铬在碱液、硝酸、硫酸、硫化物和许多有机酸中很稳定,但铬能溶于氢卤酸和热的浓硫酸。镀铬具有良好的耐蚀性,浸润性很差,表现出憎水、憎油的性质。

铬有较高的硬度、良好的耐磨性和较好的耐热性,铬在空气中加热到 500 ℃时,其外观和硬度无明显变化,大于 500 ℃时开始氧化,大于 700 ℃时开始变软。铬的反光能力很强,仅次于银。

按用途的不同,镀铬层可以分为防护装饰性镀铬层和功能性镀铬层。防护装饰性镀铬层较薄,可以防止基体金属生锈并美化外观;功能性镀铬一般是为了提高机械零件的硬度、耐磨性、耐蚀性和耐高温性,镀层一般较厚,按应用范围的不同,功能性镀铬又分为硬铬、乳白铬和松孔铬镀层。

镀铬液的组成比较简单,主盐不是镀层金属铬的盐类,而是铬酐,还有少量起催化作用的硫酸、氟化物和氟硅酸等。电镀铬时一般以铅合金为阳极,电镀过程中要不断补充铬酐,但六价铬的毒性较大,多以三价铬代替六价铬,镀铬后的零件如图 5.16 所示。

图 5.16　镀铬后的零件

（4）镀镍。

镍是具有银白色微黄的金属光泽的铁磁性物质。镍的钝化能力很强，在空气中能形成一层极薄的钝化膜，化学稳定性很高，表面可以长久保持不变的光泽。在常温下，镍对大气、水、碱、盐和有机酸都表现出较好的耐蚀性。镍易溶于稀酸，在稀盐酸和稀硫酸中溶解得较慢，但在稀硝酸中溶解得较快。镍遇到发烟硝酸则呈钝态，镍与强碱不发生作用。

镍的电极电位比铁的电极电位正，因此对于铁来说，镍是阴极镀层，只有镀层完整无缺时才能对铁基体起到良好的保护作用，但镍镀层孔隙率一般较高，所以镍镀层常与其他金属镀层构成多层体系以提高耐蚀性，镍作为底层或中间层来降低孔隙率，如 Ni/Cu/Ni/Cr、Cu/Ni/Cr 等组合镀层，有时也用镍镀层作为碱性介质的保护层。

镍镀层的性能与镀镍工艺密切相关，工艺不同，镀镍层的性能就不同。即使使用同一镀液，如果操作条件和参数不同，获得的镀层性质也不同。

镀镍层根据应用可分为防护装饰性镀层和功能性镀镍层。防护装饰性镀镍层主要用于低碳钢、锌铸件及某些铝合金和铜合金的基体防腐，并通过抛光暗镍或直接镀光亮镍获得光亮镀镍层，达到装饰的效果，但镍在大气中容易变暗，所以光亮镀镍层上往往需要再镀一薄层铬，使其耐蚀性更好，外观更美丽。如果在光亮镍镀层上镀一层金或一层仿金镀层，并覆着有机物，就会获得金色镀层。功能性电镀镍层主要用于修复被磨损、腐蚀或加工过量的零件，这种镀层比实际需要的厚，再经过机械加工使其达到规定的尺寸。电镀镍使用的主盐类主要是硫酸镍和氯化镍。

4.影响电镀层质量的因素

影响电镀层质量的因素很多，本节主要介绍镀液组成、阴极电流密度、温度和表面预处理等。

（1）镀液组成。

镀液的组成主要包括以下几个部分。

①主盐。

主盐是指能在阴极上沉积出镀层金属离子的金属盐。其他条件(温度、电流密度等)不变时,主盐浓度越高,金属越容易在阴极析出,但阴极极化下降,使得镀层晶粒粗大,尤其在电化学极化不显著的单盐镀液中更为明显。主盐浓度过高,也要采用较高的阴极电流密度,镀液分散能力和稳定性下降,废液处理成本增加;生产成本增加。若主盐浓度过低,虽然镀液分散能力和覆盖能力较好,阴极极化作用比浓度高时好,但其导电能力差,允许使用的阴极电流密度小,阴极电流效率低,沉积速率低,生产效率低。因此主盐浓度要在一个合适的范围,同一种类型的镀液如果使用要求不同,其主盐浓度也不同。

②附加盐。

附加盐是指除主盐外,主要为提高镀液的导电性而加入的碱金属或碱土金属的盐类(包括铵盐),也称为导电盐。附加盐可以提高镀液的深镀能力、分散能力、覆盖能力和镀层质量,使镀层更细致、紧密,如镀镍液中加入的硫酸钠和硫酸镁,镀铜液中加入的硝酸钾和硝酸铵等,但附加盐过多会降低主盐的溶解度,镀液可能出现浑浊的现象,因此附加盐要适量。

③络合剂。

一般将能络合住主盐中金属离子的物质称为络合剂。镀液中如果没有络合离子就称为单盐镀液,单盐镀液稳定性差,镀层晶粒粗大,镀层质量较差。加入络合离子后,阴极极化增大,使镀层结晶细密,同时促进阳极溶解,但镀液中络合离子超过络合主盐金属离子的需要量就会形成游离络合离子,若游离络合离子含量过高会降低阴极电流效率,使镀层沉积速率减慢甚至镀不上镀层,所以络合剂含量要适当。

④缓冲剂。

电镀的正常进行要在一定的 pH 条件下进行,缓冲剂一般是由弱酸和弱酸盐或弱碱和弱碱盐组成的能使镀液酸度、碱度稳定的物质。缓冲剂可以减小镀液 pH 的变化幅度,如镀镍液中的 H_3BO_3 和焦磷酸盐镀液中的 Na_2HPO_4 等。

⑤添加剂。

为了改善镀液的性能和镀层的质量,在镀液中加入少量的有机物,这些物质称为添加剂。

(2)阴极电流密度。

阴极电流密度与电镀液的成分、主盐浓度、镀液 pH、温度和搅拌等因素有关。电流密度过低,阴极极化作用减小,镀层结晶粗大,甚至没有镀层。电流密度由低到高,阴极极化作用增大,镀层变得细密,但电流密度增加过高,会使结晶沿电力线方向向镀液内部迅速生长,镀层会产生结瘤和树枝状晶,尖角和边缘甚至会烧焦。同时,电流密度过大,阴极表面会强烈析出氢气,pH 变大,金属的碱盐会夹杂在镀层之中,使镀层发黑。而且,电流密度过大,也会导致阳极钝化,从而使镀液中缺乏金属离子,可能会获得海绵状的疏松镀层。每种镀液都有一个最理想的电流密度范围。

①温度。

温度也是电镀时需要考虑的一个重要因素。随着温度的升高,粒子扩散加速,阴极极化下降以及温度升高也使离子脱水过程加快,离子和阴极表面活性增强,也会降低电化学极化。因此,镀液温度升高,阴极极化作用下降,镀层结晶粗大。生产中升高镀液的温度是为了增加盐类的溶解度,使镀液导电能力和分散能力提高,以及提高电流密度上限,从而提高生产效率。电镀温度要合理控制,使其在最佳温度范围内。

②表面预处理。

电镀前要对零件进行表面预处理,主要去除毛刺、夹杂、残渣、油脂、氧化皮和钝化膜等,表面预处理后零件露出洁净、有活性的基体金属表面,才有可能获得连续、致密、结合良好的镀层。如果预处理不当,镀层和基体结合不良,导致起皮、剥落、鼓泡、毛刺、发花等缺陷。

5.4.3.2 电刷镀技术

1. 电刷镀的原理和特点

电刷镀是将表面处理好的零件与专用的直流电源的负极相连,作为刷镀的阴极;镀笔与电源的正极连接,作为刷镀的阳极。刷镀时,使包套中浸满电镀液的镀笔以一定的相对运动速度在被镀零件表面上移动,并保持适当的压力。在镀笔与被镀零件接触的部分,镀液中的金属离子在电场力的作用下扩散到零件表面,在表面获得电子被还原成金属原子,这些金属原子沉积结晶形成镀层。随着刷镀时间的延长,镀层逐渐增厚,直至达到需要的厚度,因此对于磨损的零部件,电刷镀修复技术具有更大的灵活性。该技术具有工艺简单、镀层种类多、沉积快和性能优良等特点。电刷镀的工作原理如图 5.17 所示,不同形状的电刷镀阳极图 5.18 所示。

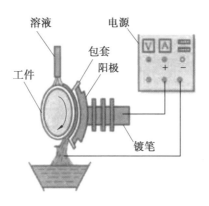

图 5.17　电刷镀的工作原理

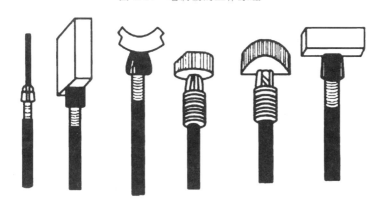

图 5.18　不同形状的电刷镀阳极

2. 电刷镀的工艺

（1）电刷镀的工艺步骤。

电刷镀的工艺流程一般为：镀前预处理→零件刷镀→镀后处理。具体的实施工艺路线为：表面修整→表面清理→电净处理→水洗→活化处理→镀过渡层→镀工作层→镀后处理。

（2）电刷镀的工艺参数。

电刷镀的工艺参数主要有电源极性、镀笔与零件的相对运动速度、刷镀工作电压。电刷镀时，镀笔接直流电源的正极，零件接直流电源的负极，称为正接。电刷镀时，镀笔与零件的相对运动速度的最佳值为 10～20 m/min。如果相对运动速度太大，则镀液容易飞溅散失，电流效率降低，使沉积速度减慢，甚至镀不上；如果相对运动速度太小，会导致镀层结晶粗糙，甚至烧伤。电刷镀一般通过电压来控制电流参数。电压大小和被镀面积、电镀温度、镀笔与零件相对运动速度有关。一般施镀面积小、施镀温度低、镀笔与零件相对速度小，则电压就越低。

5.4.4 涂装技术

5.4.4.1 工艺方法

涂装要根据零件的材质、形状、使用要求、涂料的性能、涂装用工具、涂装时的环境、生产成本、施工要求、固化条件等加以合理选用。涂装工艺的一般工序为:涂前表面预处理→涂料涂覆→涂膜干燥固化。一般涂装方法有刷涂法、浸涂法、空气喷涂法和高压无气喷涂。

1.刷涂法

刷涂法是一种古老的手工涂覆方法,至今仍在广泛使用。刷涂法具有操作简单、灵活性大等特点,但劳动强度大、生产效率低,而且不宜采用挥发性涂料。此外,涂层的均匀性较差,易出现刷痕等缺陷。

2.浸涂法

浸涂法是将被涂物件全部浸入涂料槽中,经过一定时间后取出,干燥后在物体表面上布满一层均匀涂膜的方法。浸涂法生产效率高,材料消耗少,多用于小型零件的大批量生产,但涂膜质量不高,容易形成流挂,溶剂的挥发量大,工作场所必须有严格的防火和通风措施。

3.空气喷涂法

空气喷涂法是利用压缩空气喷出的气流,造成储漆罐内外的压力差,将涂料从罐内压出来后被喷枪喷出的气流雾化,并均匀地喷涂到被涂部件的表面。空气喷涂使用的工具是喷枪。空气喷涂的特点是操作方法简单,形成的涂层均匀性好,适合于不同材质、不同形状产品的涂装,是车身维修涂装中常用的一种涂装方法。空气喷涂的缺点是:一次成膜太薄,需多次喷涂才能达到预定的涂膜厚度;涂料的利用率低,仅为 $30\% \sim 40\%$;涂料微粒及溶剂飞散严重,污染环境,损害操作者的健康。

4.高压无气喷涂

高压无气喷涂分为两种,即高压无空气喷涂法和厚浆涂料喷涂法。高压无气喷涂多用于喷涂高黏度的涂料,一次成膜厚度大,涂装效率高,最适于大面积涂装,如船舶、直升机等。

5.4.4.2 喷涂技术

1.空气喷涂

(1)喷涂原理。

空气喷涂是利用高速压缩空气,在喷枪的喷嘴附近产生负压,当涂料进入该处空间时,被高速气流冲击、混合,从而充分被雾化并被喷射到零件表面沉积成为涂膜的方法,空气喷涂法原理如图 5.19 所示。

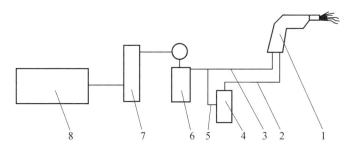

图 5.19   空气喷涂法原理

1—喷枪;2—涂料输送管;3—压缩空气输送管;4—涂料储存罐;
5—压缩空气输送管;6—压力表及压力控制器;7—油水分离器;
8—空压机

(2)空气喷涂装置

空气喷涂装置主要由喷枪、压缩空气及净化系统、输漆罐和空气胶管等组成。压缩空气及净化系统由空气压缩机、储气罐、油水分离器和输气管等组成,喷涂压力一般为 0.35~0.6 MPa。

密封的输漆罐包括增压泵、搅拌器、热交换器、压缩空气入口(泄压装置)、涂料过滤及出口等,通过管道将涂料送达喷枪。输漆罐的容量一般为 20~120 L,施加于涂料的压力为 0.15~0.3 MPa。热交换器的主要作用是使涂料温度保持恒定,确保涂料的黏度不发生变化。喷枪的作用是雾化、喷射涂料,是空气喷涂装置中最重要、最关键的零部件,直接影响涂膜的形成和质量等。按照压缩空气和涂料的混合方式,可将喷枪分为内部混合与外部混合。按照涂料的供给方式,可将喷枪分为吸上式、重力式和压送式。

(3)影响空气喷涂的因素。

①涂料的雾化效果。被雾化涂料的颗粒越细,雾化效果、涂膜的外观和质量越好。

②涂料的喷出量与喷枪的类型有关。使用较大口径的喷枪有利于提高喷出量,若口径过大会造成涂料雾化效果变差。

③喷涂幅度。随着空气压力的降低,喷涂幅度减小,涂层中心厚度增加。

④涂膜质量。涂料的黏度越大,雾化颗粒越粗,涂膜薄且粗糙无光;射程太近,涂膜不仅厚且流挂,在反冲气流的作用下还会产生橘皮现象。

2.高压无气喷涂

(1)喷涂原理。

高压无气喷涂是指利用高压泵将涂料的压力增至 10～25 MPa,然后以 100 m/s的高速从喷枪的狭窄小孔中喷射出,与空气发生剧烈的冲击,压力急剧下降,涂料被分散雾化并高速喷向零件表面形成涂膜。由于雾化时无需压缩空气,又称为无气喷涂。

高压无气喷涂尤其适宜喷涂防腐蚀涂料和高黏度涂料,可提高工作效率。

(2)高压无气喷涂的特点。

①涂装效率高。由于高压喷涂的涂料喷出量大,喷射速度快,其涂装效率是一般喷涂的几倍到几十倍。

②涂膜质量好。雾化的涂料中没有压缩空气带来的水分、油类等,涂膜质量好,附着力高。

③涂料适应性好。可在多种基体材料上喷涂高黏度或低黏度的涂料,为了减少喷涂次数,一次成形厚膜,可选择高黏度的涂料。

④涂料损耗和环境污染小。喷雾分散少,稀释剂用量小,涂料的利用率高对环境的污染减小,操作人员的劳动条件得到提高。

⑤可连续操作。采用不带涂料罐的喷枪,直接与大的涂料容器相连接,喷枪质量减小,操作便捷,可连续施工。

⑥幅度和喷出量调节困难。除了更换喷嘴,在喷涂时一般不能调节喷涂幅度和涂料喷出量。喷射速度较快,厚度不易控制,不适宜小件的涂装。

⑦涂膜外观不理想。外观不如空气喷涂,尤其不适宜装饰性薄层的涂装。

3.热喷涂技术

热喷涂技术是利用热源将喷涂材料加热至熔化或半熔化状态,以一定的速度喷射沉积到经过预处理的基体表面形成涂层的方法,图 5.20 所示为热喷涂过程示意图。热喷涂有多种工艺方法,如等离子喷涂、电弧喷涂、火焰喷涂和爆炸喷涂等。热喷涂技术具有工艺灵活、适用范围广、基体与喷涂材料广泛、工艺加工的零件受热较少、产生的应力变形小、生产效率高等特点。

热喷涂技术应用十分广泛,选择不同性能的涂层材料和工艺方法,可制备热障、可磨耗封严、耐磨密封、抗高温氧化、导电绝缘和远红外辐射等功能涂层。涂层材料几乎涉及所有固态工程材料,包括金属、金属合金、陶瓷、金属陶瓷、塑料及其他的复合材料。热喷涂技术广泛应用于航空航天、冶金、能源、石油化工、机械制造、交通运输、轻工机械和生物工程等国民经济各个领域。

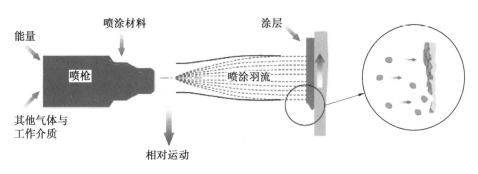

图 5.20　热喷涂过程示意图

5.5　先进特种表面工程技术

5.5.1　物理气相沉积技术

5.5.1.1　物理气相沉积原理

气相沉积技术是指将含有沉积元素的气相物质,通过物理或化学的方法沉积在材料表面形成薄膜的一种新型镀膜技术。气相沉积不仅可以沉积金属膜、合金膜,还可以沉积各种化合物、非金属、半导体、陶瓷和塑料膜等。根据使用要求,气相沉积几乎可在任何基体上沉积任何物质的薄膜。它们与包括光刻腐蚀、离子刻蚀、离子注入和离子束混合改性等在内的微细加工技术一起,成为微电子及信息产业的基础工艺,在促进电子电路小型化、功能高度集成化方面发挥着关键的作用。

根据成膜过程的原理不同,气相沉积可分为物理气相沉积(physical vapor deposition,PVD)和化学气相沉积两种。

物理气相沉积是指在真空条件下,利用各种物理方法将镀料汽化成原子、分子或使其电离成离子,直接沉积到基片(零件)表面形成固态薄膜的方法。物理气相沉积主要包括蒸发镀膜、溅射镀膜和离子镀膜技术。

5.5.1.2　物理气相沉积的过程

物理气相沉积包括气相物质的产生、气相物质的输送和气相物质的沉积三个基本过程。

1.气相物质的产生

使镀料加热蒸发沉积到基片上是产生气相物质的方法之一,称为蒸发镀膜。

另外一种方法是用具有一定能量的离子轰击靶材（镀料），从靶材上击出的镀料原子沉积到基片上，称为溅射镀膜。

2.气相物质的输送

气相物质的输送要求在真空中进行，主要是为了避免与气体碰撞，妨碍气相镀料到达基片。在高真空度的情况下（真空度为 10^{-2} Pa），镀料原子很少与残余气体分子碰撞，基本上是从镀料源直线前进到达基片；在低真空度时（如真空度为 10 Pa），镀料原子会与残余气体分子发生碰撞而绕射，但只要不过于降低镀膜速率是允许的；若真空度过低，镀料原子频繁碰撞会相互凝聚为微粒，则镀膜过程无法进行。

3.气相物质的沉积

气相物质在基片上的沉积是一个凝聚过程。根据凝聚条件的不同，气相物质的沉积可以形成非晶态膜、多晶膜或单晶膜。镀料原子在沉积时可能与其他活性气体分子发生化学反应而形成化合物膜，称为反应膜。在镀料原子凝聚成膜的过程中，可以同时用具有一定能量的离子轰击膜层，目的是改变膜层的结构和性能，这种镀膜技术称为离子镀。蒸发镀膜和溅射镀膜是物理气相沉积的两类基本镀膜技术。

5.5.1.3　物理气相沉积的特点

（1）镀膜材料来源广泛。镀膜材料可以是金属、合金和化合物等，导电或不导电、低熔点或高熔点、液相或固相、块状或粉末都可以作为镀膜材料使用。

（2）沉积温度低。零件一般无受热变形或材料变质的问题，如用离子镀制备TiN 等硬质膜层，其零件温度可保持在 550 ℃以下，这比化学气相沉积法制备同样膜层所需的 1 000 ℃低得多。

（3）膜层附着力强。膜层厚度均匀而致密，膜层纯度高。

（4）工艺过程易于控制。主要通过电参数控制。

（5）真空条件下沉积。无有害气体排出，对环境无污染。

5.5.2　激光清洗技术

5.5.2.1　简介

激光清洗是利用激光与材料相互作用，产生蒸发、剥离、烧蚀和冲击波等效应，实现材料表面油渍、锈迹和氧化层等异物去除的方法。激光清洗技术具有清洗效果佳、应用范围广、精度高、非接触式和可达性好等优势，与清洗剂、超声波和机械方式的清洗方法形成鲜明对照，其有望部分或完全替代传统清洗方法，成为 21 世纪最具发展潜力的绿色清洗技术。激光清洗最早可追溯到 21 世纪 60 年代,但对这种创新型清洗技术的研究和应用是从 20 世纪 90 年代才开始逐步发展的,该技术目前在很多领域得到推广应用。

与传统清洗技术相比,激光清洗技术具有以下优势。

(1)不需要化学溶液,因此没有化学清洗产生的环境污染问题。

(2)清除的废料基本是固体粉末,体积小、易于存放,对环境几乎不造成污染。

(3)激光清洗是非接触式的,可以通过光导纤维传输,与机器人或者机械手联合,方便实现远距离操作,能清洗传统方法不易达到的部位。

(4)激光清洗能清除各种材料表面不同类型的污染物,达到很高的洁净度。

(5)激光清洗可以选择性地清洗材料表面的污物,不损伤材料的内部组成和结构。

(6)能有效清除微米级及更小尺寸的污染微粒。

(7)激光去污设备可以长期稳定地使用,一般只需要电费和维护费用,运行成本低,并且可以方便地实现自动化操作。

激光清洗方法已成为传统清洗方法的补充和延伸,因其具有的优点而应用前景广阔,激光清洗对于各类金属、非金属材料均有显著效果。激光清洗在航空制造业拥有巨大的应用前景,如高精度高效率除锈、金属表面油污清理、金属及复合材料胶接前表面准备、零组件表面胶液残留的去除、焊前预处理等,尤其是激光清洗具有绿色环保的优点,在一些领域即将取代传统技术。

5.5.2.2　激光清洗的分类及激光器的种类

激光清洗方法可以分为干式激光清洗、湿式激光清洗和激光等离子体冲击波清洗。

(1)干式激光清洗主要是利用激光辐照到基体表面污染物上,使污染物颗粒吸收能量发生膨胀脱离基体表面或者基体表面吸收激光能量后膨胀,克服污染物颗粒与表面的结合力,达到去除污染物的目的。

(2)湿式激光清洗是在基体表面涂覆一层液膜(乙醇、丙酮等),激光辐照后液膜剧烈升温、气化并发生爆炸,利用爆炸产生的能量和冲击波去除表面的污染物。

(3)激光等离子体冲击波清洗是将激光束聚焦到基体表面上方,利用激光束的高能量密度击穿此处空气,使其发生电离,产生等离子体冲击波达到去除污染物的目的。

目前,用于激光清洗的激光器主要有准分子激光器、CO_2激光器及 Nd:YAG 激光器。当被清洗表面的精度要求很高时,优先选择准分子激光器;对于激光敷层的清洗,使用 CO_2 激光器清洗效果最佳;进行长程激光清洗时,由于 Nd:YAG 激光器用光纤传送,可以优先选用。

5.5.2.3　航空构件表面除油除漆

直升机的油漆层每隔 5 年左右就会被剥离并重新着色,以修复表面的损伤并重新涂漆,以防更换油漆时腐蚀直升机。传统的直升机蒙皮除漆工艺主要包括溶剂除漆、机械除漆和喷砂除漆。目前国内主要采用二氯甲烷为主溶剂的脱漆剂进行除漆,效率较高,但成本高、污染大、容易对基材造成损伤,该方法将逐渐退出市场。航空构件表面除油、除漆应用如图 5.21 所示。

(a) 飞机蒙皮清洗

(b) 直升机尾梁以及整流罩激光除漆

(c) 直升机尾梁以及整流罩激光除漆

(d) 雷达罩表面涂漆

(e) 航空航天发动机制造中钛合金焊前清洗

(f) 燃烧室零部件激光清洗

图 5.21　航空构件表面除油、除漆应用

5.5.3　化铣加工技术

5.5.3.1　化铣加工技术原理及特点

化学铣切(简称化铣)是将材料要加工部位暴露在化学介质(溶液)中进行腐蚀,从而获得所需的零件形状和尺寸的一种加工方法。化铣在有些行业中依据

其加工特点也被称之为腐蚀加工或光刻加工。本节的化学铣切专指在液态溶液中进行化学腐蚀的加工方式,典型单台阶化铣加工零件如图 5.22 所示。

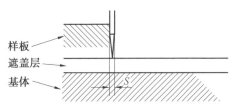

图 5.22　典型单台阶化铣加工零件

化铣加工的方法通常是先在零件毛坯表面均匀涂覆一层保护涂层;其次,按照加工样板的形状把加工区的轮廓刻划出来,揭去加工区(腐蚀区)的保护涂层;然后浸入特定的腐蚀性介质中进行腐蚀,腐蚀时间依据腐蚀速度和深度来确定;最终清除保护涂层,得到要求的零件形状和尺寸。因此,化铣一般有五个基本工序,这五个工序的目的和作用各不相同。

(1)清洁处理。

目的是将毛料表面清洗干净,以保证保护胶膜的黏附力、均匀一致和腐蚀速度均匀。

(2)涂覆保护涂料。

在不需加工的表面涂覆保护涂料。

(3)刻形(拷贝图形)。

目的是限定零件毛坯上要切除部位的尺寸与形状。

(4)腐蚀加工。

按图样要求用腐蚀剂把零件毛坯上不需要的材料切除掉。

(5)清除保护胶膜。

从加工完毕的零件或半成品上去掉保护胶膜。

5.5.3.2　化铣加工特点

化学铣切与一般的机械铣切方法有着根本区别,它具有以下特点。

(1)不同的材料使用的腐蚀溶液不同,即使材料牌号相同,不同材质状态适宜的腐蚀溶液也不相同。

(2)加工过程无切削应力,适合加工薄壁、易变形的零件,可加工复杂型面零件。

(3)加工效率与铣切深度有关,与加工面积关系小。

(4)一次可加工多个零件,也可同时加工零件两面,批量加工时效率高。

（5）化铣加工零件的表面粗糙度受材质状态和腐蚀工艺影响较大，无法任意改变表面粗糙度。

（6）化铣有可能会对材料的性能产生一定影响。

（7）化铣零件不可能形成尖锐的形状。

（8）铣切的深度可以达到较高的精度。

（9）相对位置精度比绝对位置精度容易控制，位置精度与铣切深度有关联，铣切深度越深，位置精度越低。

5.5.3.3 化铣加工技术研究应用进展

化铣加工的历史可以追溯到公元前的古埃及时代，直到 19 世纪后半期，随着化学工业的发展，可供选择的腐蚀剂的出现和复制图形方法的改变，化铣技术才得以推广，但化铣技术的真正大规模应用是从 20 世纪 50 年代开始。首先被应用于航空航天器中零件的减重和成形；之后，随着电子技术的兴起，照相腐蚀技术得以推广，逐渐发展为一个新兴的技术领域——微细加工技术，并成为推动电子行业发展的关键技术。

以零件减重和成形为目的的化铣技术应用对象主要是直升机壁板、火箭壳体和发动机壳体等。化铣的材料有铝合金、钛合金、铁基合金、镍基合金和高温合金等。化铣零件的形式包括全表面化铣、单台阶化铣、多台阶化铣和锥度化铣。铣切深度从不足 1 mm 到十几毫米。化铣保护涂料则开发了氯丁橡胶、丁基橡胶、丁氰橡胶、乙烯基类的可剥性保护涂胶，化铣保护涂料的适用性和保护的可靠性越来越好，涂覆方法从早期的刷涂、浸涂到现在的无空气喷涂，涂料的固化形式从早期的加热固化到现在以常温固化为主，刻形方式从传统的按刻形样板手工刻线逐渐发展到激光刻线。腐蚀设备和废气、废液处理工艺也有了较大的改进，自动化程度越来越高，对环境和人员的危害得到严格控制。测量工具和仪器越来越方便，涂层测量仪、超声波测厚仪和涂层检漏仪等在线检测仪器得到普遍应用。

参考文献

[1] 张德和. 从竹蜻蜓到直升机：旋翼发展之路[M]. 北京：中国科学技术出版社，2011.

[2] 粟琳. 直升机发展历程[M]. 北京：航空工业出版社，2007.

[3] 范玉青. 现代飞机制造技术[M]. 北京：北京航空航天大学出版社，2001.

[4] 梁炳文. 板金冲压工艺手册[M]. 北京：国防工业出版社，1989.

[5] 王海宁. 飞机钣金工艺学[M]. 2版. 西安：西北工业大学出版社，2022.

[6] 顾元杰. 航空制造工程手册一飞机钣金工艺[M]. 北京：航空工业出版社，1993.

[7] 田辉，王俊斌. 航空零件数控加工的特点[J]. 航空制造技术，2010，19：101-106.

[8] 陈为国，陈昊. 数控加工刀具应用指南[M]. 北京：机械工业出版社，2020.

[9] 陈宏钧. 机械加工工艺技术及管理手册[M]. 北京：机械工业出版社，2011.

[10] 帅朝林. 飞机结构件先进制造技术[M]. 北京：机械工业出版社，2019.

[11] 方芳，张胜文，杨双. 数控加工中插铣技术的研究与应用[J]. 航空制造技术，2013，04：77-84.

[12] 何宁，杨吟飞，李亮. 航空结构件加工变形及其控制[J]. 航空制造技术，2009，06：32-35.

[13] 江晨，杨波，吴从焰. 电解加工在航空航天领域的应用研究[J]. 机械制造，2020，58(2)：63-65.

[14] 程小元，黄明涛，张明岐. 精密电解加工在航空发动机整体结构件制造中的应用[J]. 航空制造技术，2015，23，24：54-60.

[15] 卢国鑫，金涛，周亦胄. 激光冲击强化在高温合金材料应用上的研究进展[J]. 中国有色金属学报，2018，9：1755-1760.

[16] 梁春华.航空发动机风扇/压气机叶片激光冲击强化技术的发展与应用[J].航空制造技术,2012,23,24:46-49.

[17] 沃丁柱.复合材料大全[M].北京:航空工业出版社,2001.

[18] 张玉龙.先进复合材料制造技术手册[M].北京:机械工业出版社,2003.

[19] 胡和平,邓景辉.直升机旋翼桨叶复合材料选材现状与分析[J].直升机技术,2002,1:1-5.

[20] 王善琦.复合材料旋翼桨叶用高性能树脂基体及其复合材料[J].材料工程,1989,3:3-6.

[21] 郭俊贤,胡和平,樊光华.一副国产复合材料桨叶的结构设计与研制[J].直升机技术,2001,1:1-6

[22] 郝建伟,陈亚莉.先进复合材料主要制造工艺和专用设备[J].航空制造技术,2008,10:40-45.

[23] 梁宪珠,孙占红,张铖.航空预浸料:热压罐工艺复合材料技术应用概况[J].航空制造技术,2011,20:26-30.

[24] 赵晨辉,张广成,张悦周.真空辅助树脂注射成形(VARI)研究进展[J].玻璃钢/复合材料,2009,1:80.

[25] 罗云烽,彭公秋,曹正华.航空用热压罐外固化预浸料复合材料的应用[J].航空制造技术,2012,18:26-31.

[26] 周焱,安鲁陵,周来水.复合材料自动铺丝路径生成技术研究[J].航空精密制造技术,2006,2:39-41.

[27] 张洋,钟翔屿,包建文.先进树脂基复合材料自动丝束铺放技术研究现状及发展方向[J].航空制造技术,2013,Z2:131-140.

[28] 肖军,李勇,李建龙.自动铺放技术在大型飞机复合材料结构件制造中的应用[J].航空制造技术,2008,1:50-53.

[29] 任晓华.航空复合材料制造技术发展[J].航空科学技术,2010,4:2-5.

[30] 古托夫斯基 T G.先进复合材料制造技术[M].李宏运,等译.北京:化学工业出版社,2004.

[31] 《航空制造工程手册》总编委会. 航空制造工程手册:热处理[M].北京:航空工业出版社,1992.

[32] 张继世,刘江. 金属表面工艺[M]. 北京:机械工业出版社,1995.

[33] 徐斌世,刘世参. 表面工程[M]. 北京:机械工业出版社,2000.

[34] 姚福生. 先进制造技术[M]. 北京:清华大学出版社,2003.